截齿截割破碎多自由面岩体机理及疲劳寿命

逯振国　曾庆良　孟昭胜　刘志海　著

U0337815

中国矿业大学出版社
· 徐州 ·

内 容 简 介

在煤炭开采过程中,硬质岩巷掘进速度慢,增大掘进机功率以提高岩石破碎效率的方法易导致截齿磨损程度加剧。增加岩石自由面可有效降低岩石破碎难度以及截齿磨损程度。全书共分为 5 章,分别介绍了截齿破岩领域研究概况、截齿与多自由面岩体相互作用理论、多自由面岩体截割破碎试验、多自由面岩体截割破碎数值模拟、基于损伤模型的截齿破岩力学特性和疲劳寿命分析。书中内容包含大量试验和数值模拟,以及对其结果的对比和分析,深入浅出,通俗易懂。

本书内容结构完整,设计的破岩方法新颖,可供井工煤矿技术人员、科研院所研究人员、高等院校师生阅读参考。

图书在版编目(C I P)数据

截齿截割破碎多自由面岩体机理及疲劳寿命/逯振
国等著.—徐州:中国矿业大学出版社,2022.10
　　ISBN 978-7-5646-5573-0

　　Ⅰ.①截…　Ⅱ.①逯…　Ⅲ.①岩巷-巷道掘进机-岩
石切削机理②岩巷-巷道掘进机-疲劳寿命　Ⅳ.
①TD421.5

　　中国版本图书馆 CIP 数据核字(2022)第 192263 号

书　　名　**截齿截割破碎多自由面岩体机理及疲劳寿命**
著　　者　逯振国　曾庆良　孟昭胜　刘志海
责任编辑　潘俊成
出版发行　中国矿业大学出版社有限责任公司
　　　　　　(江苏省徐州市解放南路　邮编 221008)
营销热线　(0516)83884103　83885105
出版服务　(0516)83995789　83884920
网　　址　http://www.cumtp.com　E-mail:cumtpvip@cumtp.com
印　　刷　徐州中矿大印发科技有限公司
开　　本　787 mm×1092 mm　1/16　印张 10　字数 256 千字
版次印次　2022 年 10 月第 1 版　2022 年 10 月第 1 次印刷
定　　价　46.00 元

(图书出现印装质量问题,本社负责调换)

前　言

　　我国煤炭开采方式以井工开采为主,为了保证连续生产,需要在井下开拓大量巷道。硬质岩巷掘进是煤炭开采过程中巷道掘进的难点,为提高整体工作效率,增大掘进机的掘进功率是最为有效的途径,但增大掘进机的掘进功率会导致截齿磨损程度明显加剧,更换频率增大。因此在硬质岩巷掘进过程中提高掘进机掘进功率同时降低截齿磨损程度,是当前相关工程应用中亟须解决的关键技术问题。

　　截割头及布置于截割头的截齿是掘进机的主要零部件,除燃油消耗外,截齿的消耗是巷道掘进过程中影响成本的关键因素。截齿破岩过程涉及岩石裂纹扩展过程、岩石破碎形态、截齿截割力、截割比能耗、截割粉尘等破岩性能指标。提高截齿破岩性能指标主要通过改变截齿破岩工艺、优化截齿结构和改变岩石原生构造等方式。当前人们对岩石原生构造的改变主要集中于锯片切缝、水射流、微波产生裂纹等形式,其核心思路是使岩石破坏产生裂纹。本书对锯片超前切缝岩石的截齿截割破碎机理进行研究,从而有效提高岩石破碎效率,降低截齿磨损程度。本书研究成果对丰富截齿破岩理论、开拓硬质岩石破碎思路具有重要意义。

　　全书共分为5章,主要介绍了截齿破岩领域研究概况、截齿与多自由面岩体相互作用理论、多自由面岩体截割破碎试验、多自由面岩体截割破碎数值模拟、基于损伤模型的截齿破岩力学特性和疲劳寿命分析。

　　本书撰写时参考了大量截齿破岩相关文献,研究生王志文、王洪斌、李长江等承担了部分文字整理和校对工作,在此一并表示感谢。

　　限于作者水平,书中难免存在疏漏和不足之处,敬请读者批评指正。

著　者

2022 年 7 月

目　　录

1 绪 论

1.1 研究背景及意义

在相关工程应用中,矿方为提高采掘装备截割坚硬岩体的能力,一般采用加大截割功率的方法,但加大截割功率势必增大采掘装备的体积和质量,并且采掘装备的截割刀具类型没有改变,其强度没有提升,单单增大功率会使工作面粉尘量增大、截割机构的磨损程度加大,甚至会使截齿合金头整体脱落。截齿磨损常见类型如图1-1所示。即加大截割功率的这种方法虽然对提高截割效率有一定帮助,能够实现硬质岩石快速破碎,但是增加了巷道掘进的成本。

(a) 截齿边缘磨损　　　　(b) 截齿合金头脱落

图 1-1　截齿磨损常见类型

为减小采掘装备的体积和质量,使采掘装备能够更好地适用于坚硬岩体且具有较高的截割能力和效率,迫切需要研究一种新的破岩方法,开发出先进的岩巷掘进装备,从而加快岩巷掘进施工速度,确保采掘正常接续,这对我国煤炭安全高效开采和煤炭工业可持续发展具有极其重要的意义。

依据工程实际,以减弱截割刀具受力和磨损、提高采掘装备破碎坚硬岩体能力和提升采掘效率为目标,在掌握采掘装备机构破岩系统动力学性能和运动规律的基础上,提出金刚石锯片与截割头顺序式联合破岩的新方法。采用金刚石锯片锯切岩石形成具有切缝的板状岩体以降低岩石强度,再利用传统破岩截割头对板状岩体进行截割破碎,这是解决采掘装备破碎坚硬岩体问题的有效途径。本书研究成果可为金刚石锯片在巷道掘进中的应用提供理论与数据支撑。

1.2 国内外研究现状

1.2.1 截齿破岩研究现状

截齿是巷道掘进机和采煤机的主要截割刀具。有序布置截齿可使其在与煤岩的相互作用中达到破碎煤岩的目的。截齿的性能是掘进机和采煤机截割性能与工作成本的主要影响因素之一。由于截齿在煤岩截割过程中的重要性,国内外学者对其截割性能进行了大量研究。

在国外,20世纪50年代,苏联学者别隆[1]在刀具切削理论的基础上,在刀形截齿沿直线切割的力学模型中给出了截齿截割阻力、压出力、侧向力与截齿宽度、截齿厚度、切削厚度、截线距、截齿角度等截齿和截割参数的关系[2]。英国学者Evans[3-4]在1962年和1965年分别针对锋利刀形截齿破岩理论和钝化刀形截齿破岩理论进行了研究,指出截齿使周围煤岩体产生压应力,随着压应力的增加形成弧状破裂线进而使煤岩体产生拉伸破坏,得出了煤岩体断裂时峰值截割力力学模型,并将理论数值与试验数值进行了对比,发现其具有较好的一致性。Roxborough[5]通过试验得出了刀形截齿的截割力变化规律,结果与Evans的刀形截齿煤岩截割理论能够很好地吻合,同时证明了该试验结果以及Evans所提出理论的正确性。Evans[6-7]认为截齿之间的距离会很大程度上影响截割力和截齿截割性能,提出了最佳截齿间距的优化方案。1972年,日本学者Nishimatsu[8]基于莫尔-库仑准则建立了截齿沿直线截割的数学模型,并被日本、美国和西欧等国家和地区广泛采用。1984年,英国学者Evans[9-10]在其之前理论研究的基础上对镐形截齿破岩的力学模型进行了研究;认为镐形截齿破岩过程是一个三维的破碎过程,这与刀形截齿二维的破岩过程有实质性的区别;基于最大拉应力理论建立了岩石破碎时峰值截割力的数学模型,认为岩石单轴抗拉强度和单轴抗压强度是影响截齿截割力的主要因素,总结出了峰值截割力与抗压强度、抗拉强度、切深以及截齿锥角的关系。Evans的理论成为镐形截齿破岩理论中最为经典的理论,并得到了广泛的应用。Roxborough等[11]和Goktan[12]分别在1995年和1997年对Evans的理论进行了适当的修正,Evans理论中当齿尖锥角为0°时截割力并不为0,这与实际不相符。摩擦角被引入Goktan和Roxborough等的理论中,岩石的抗拉强度是影响截齿峰值截割力的主要岩石力学性质。1985年,英国学者Hurt等[13]对截齿的截割效率及使用寿命进行了研究,指出影响截齿寿命的因素不仅与截齿形状有关,而且与截割机构的形状、截割速度和切削厚度有很大关系,且在截割坚硬岩石时,截齿出现的磨损现象主要是热应力导致的。1995年,土耳其学者Hekimoglu[14]研究了掘进机截割头不同位置处截齿的受力情况,指出端盘截齿较叶片截齿受力大,且磨损速度较快,并阐述了径向截齿截割硬煤的弊端,指出径向截齿不适于旋转截割,掘进机截割头需要设计特定形式的截齿。2000年,波兰学者Mazurkiewicz[15]认为煤岩的破坏过程主要是拉失效,研究了破碎效果与截齿排列和数量的关系,指出刀具越多破碎功率越低。1996年和1997年,美国学者Shen[16]和Shen等[17]利用声发射技术来监测煤的截割和破碎特性,指出煤的破碎特性与截齿截割参数的关系;通过试验研究了滚筒截割煤岩时粒度的分布规律,并指出随着牵引速度的增大,粉尘量减小;当滚筒转速一定时,采用较大的牵引速度产生的块煤较多。日本学者Muro等[18]利用镐形截齿在旋转冲击试验台上进行煤岩截割试验,研究了截割扭矩、加速度和切削量等与截齿间距之间的关系,通过理论与试验对比指出截割扭矩、加速度和切削量都与截齿间距呈线性正相关关系。1998 年,美国学者 Achanti 等[19]利用模拟旋转截割试验台对连续式采煤机截割产生的粉尘量与滚筒截割参数的关系进行了研究,指出随着进给速度的增大所产生粉尘量呈减小趋势,并开发了一个图形模型(列线图),该模型可用于归一化剪切载荷因子和可吸入粉尘。2001 年,意大利学者 Chiaia[20]对截齿截割脆性岩石的力学特性进行了分析,指出煤岩破碎是贯穿于其内部的微细裂纹扩展导致的,并通过理论分析指出减小截割工具的尺寸会提高截割比能耗,但同时会增大截割力,截齿齿尖的裂纹生成能力对截齿的破碎能力具有显著影响,理想的截割情形应该尽量考虑岩石材料、截割头破碎能力和能耗之间的平衡。美国学者 Achanti 等[21]通过对截齿间距、切削厚度、滚筒旋转速度和截齿齿尖夹角与可吸入粉尘量关系的研究指出,可吸入粉尘量随着截齿间距增大而增加,随着切割深度的增加而减小,并且随着滚筒旋转速度的增加而增加。2003 年,Qayyum[22]利用旋转截割试验台研究了截割比能耗、可吸入粉尘量与相关参数的关系,指出滚筒截割比能耗和可吸入粉尘量与截齿的几何形状和尺寸、滚筒的截齿布置方式以及滚筒的牵引和旋转速度有关。Qayyum[23]还利用自动旋转割煤模拟平台(ARCCS)将 5 种不同类型的截齿安装在滚筒上进行截割试验,在截割过程中测量了截齿截割力、渗透力、滚筒旋转速度和可吸入粉尘量,计算了每次试验的滚筒截割比能耗。2004 年,Oñate 等[24]利用离散元法(DEM)与有限元法(FEM)相结合的方式动态模拟了岩石截割过程,描述了两者相结合的数值算法,所得结果证明了离散元与有限元相结合解决此类问题的可行性。Muro 等[25]和 Hekimoglu 等[26]针对采煤机滚筒叶片包角对滚筒截割性能的影响进行了研究,指出其包角过大可导致切割阻力增大,降低滚筒的截割性能,并得出滚筒上截齿倾斜角对滚筒截割载荷的影响较大,在 10°左右可得到最小值的结论。2005 年,美国学者 Yu[27]在比较了有限差分、有限元、边界元和离散元四种方法后,选择利用非线性有限元软件 LS-DYNA(3D)对采煤机螺旋滚筒截煤过程进行了仿真研究,分析了截割速度、截齿几何形状、齿尖尺寸、截齿间的相互作用对滚筒的冲击力和截割力的影响,并指出煤破碎的主要形式是剪切破坏。印度学者 Loui 等[28]建立了截齿截割煤岩的有限元模型,并分析了其温度的传递变化特征,研究了摩擦力和截割速度对温度的影响,并对试验数据进行了比较,指出截齿与煤岩接触界面的温度随着截齿截割速度的增大而线性提高。土耳其学者 Goktan 等[29]利用半经验的方法建立了截割力受不同的截割要素影响的模型,通过分析煤岩截割测试数据建立了截割力的预测方程和平均峰值截割力模型,试验值与预测值的比较表明该模型适用于单轴抗压强度范围为 30~170 MPa 的岩石材质,这显示了回归分析在建立预测方程时的统计学意义。土耳其学者 Eyyuboglu 等[30]研究了截割机构上截齿布置对其截割性能的影响,指出截齿周向等角度和变角度布置对截割载荷基本没有影响。土耳其学者 Bilgin 等[31]和 Balci 等[32]通过试验指出单轴抗压强度和单轴抗拉强度与截割力之间具有线性关系,试验结果与包含摩擦角因素的理论结果具有较好的一致性。他们还对截割比能耗进行了深入的研究,指出截割比能耗与单轴抗压强度和单轴抗拉强度呈线性关系,截割比能耗随单轴抗拉强度和单轴抗压强度的增大而增大,截割比能耗随弹性模量的增大呈现指数增加趋势。截齿线性截割试验台如图 1-2 所示。

澳大利亚学者 Tiryaki 等[33]采用双变量相关性和线性回归分析对煤岩特性与截割比能耗的关系进行研究,指出截割比能耗与煤岩的泊松比、拉伸强度(劈裂试验)、肖氏硬度、施密

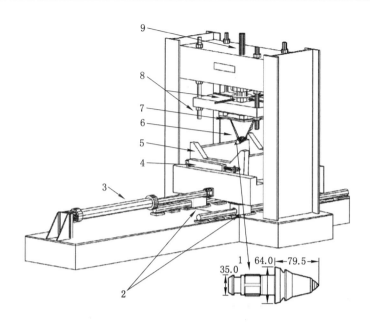

1—截齿；2—轴；3—水平运动驱动油缸；4—左右运动驱动油缸；5—岩石试样固定箱；
6—截齿安装架；7—三向力传感器；8—切深调节装置；9—切深调整油缸。

图 1-2 截齿线性截割试验台

特锤硬度、干密度和点荷载强度指数呈线性关系。2006 年，美国学者 Mishra 等[34-35]利用有限元法和建立的自动旋转割煤模拟平台（ARCCS）研究了截齿和滚筒的设计对截齿的热传递、截齿受力趋势、截割比能耗和可吸入粉尘量的影响，并强调通过改变截齿齿尖的尺寸和形状可以调控截割系统的截割性能。2007 年，土耳其学者 Yilmaz 等[36]利用多元线性回归的方法对截齿截割硬岩的截割力进行了预测，得出截割力与剪切强度、摩擦角、崩落角、抗压强度、切削厚度以及截齿齿尖角的关系，通过与相关文献中试验数据的对比验证了理论的正确性，给出了截齿破碎抗压强度为 85～180 MPa 范围内的硬岩截割力的计算方法和理论公式，指出镐形截齿适合对中等硬度岩石进行截割。2008 年，土耳其学者 Tiryaki[37]在考虑了岩石的含晶量、密度、泊松比、抗压强度、抗拉强度、弹性模量、肖氏硬度、点硬度等参数影响因素的情况下，分别利用神经网络和回归树建立了岩石截割比能耗的预测模型，并对两者的预测效果进行了对比，分析结果表明两者的预测效果均较好，其中回归树的预测效果优于神经网络的预测效果。2011 年，Rojek 等[38]建立了岩石截割过程中的 2D 和 3D 数值模型，研究了适合截割过程中复杂材料裂纹模拟的岩石材料，提出了一种简洁的理论公式和离散元模型校准方法，并将数值模拟结果与试验数据进行了比较。2011—2013 年，波兰学者 Gajewski等[39-40]分别利用磨损和未磨损的镐形截齿、刀形截齿以及一种新型锋利截齿进行试验研究，得到其截割功率和扭矩的变化曲线，并将功率和扭矩信号作为输入、截齿磨损和未磨损作为输出，利用 MLP 机构的人工神经网络进行判定，8 神经元结构的神经网络判断率为百分之百。2011 年，土耳其学者 Su 等[41]利用颗粒流 PFC(3D)对岩石截割过程进行了试验，仿真结果和理论模型、试验结果具有紧密的联系，其中仿真结果与 Goktan 的理论模型最为相近，通过仿真结果与试验结果的对比建立了依据仿真结果对截割力进行预测的数学模型。2014—2017 年，美国学者 Menezes 等[42-44]利用二次开发的有限元本构模型对刀具破岩过程进行了仿真试验,其仿真结果表明新型的本构模型对模拟碎片分离具有很好的效果。摩擦角、刀具齿尖角、截割深度对破岩过程中的碎片分离和截割力具有显著影响,刀具在较低截割速度下对截割效果和截割力影响较小,只有在较高速度范围时速度变化才会对破岩性能有明显的影响。Menezes 等在二维仿真环境下得到的结果对三维仿真环境下岩石的裂纹扩展模拟有很好的借鉴意义。

在国内,1979 年阜新矿业学院的李贵轩[45]指出,当滚筒受力状态不利于采煤机工作时,可通过适当排列端盘截齿改变滚筒受力从而改善采煤机的工作状况。其主要作用是减轻了滚筒的受力不平衡程度,端盘截齿的适当排列以及合适的截齿倾角可以明显地减小采煤机的牵引阻力。1987 年和 1989 年,中国矿业大学的陈�[46]和陶驰东等[47]分别对安装有楔形截齿的采煤机滚筒进行了模化试验,基于试验数据得到了滚筒三向力与相关参数的关系,并指出模化试验是深入研究滚筒性能的一种有效方法。1988 年,西安矿业学院的牛东民[48]研究了滚筒载荷形成原理以及载荷特性与滚筒参数之间的关系,指出截齿排列方式对滚筒载荷的波动幅度有较大影响,叶片截齿排列应避免并排形式的出现,端盘截齿排列应与叶片截齿排列相协调。1989 年,重庆大学的陈渠等[49]研究了楔形截齿的最佳截线间距,并通过理论分析得到了最佳截线间距的理论表达式,通过试验验证了理论计算结果的合理性,并指出最佳截线间距与截齿主刃宽度和切削厚度有关。1990 年,淮南矿业学院的刘本立等[50]研究了楔形截齿的运动学特性并指出截齿齿尖运动轨迹为余摆线,截齿的工作前角和后角在截割过程中不断变化,设计中后角应当大于后角最大的变化量以保持截割过程中存在一定的工作后角。1991 年、1993 年和 1994 年,中国矿业大学的段雄等[51-53]应用直线切割原理采用水射流辅助截割煤岩,研究了水射流截齿截割煤岩时的动力学特性,指出岩石破碎是一种不规则、非周期的混沌现象,系统长时性态为一具有自相似分形结构的奇怪吸引子,分形维数是岩石破碎机理变化程度的一个灵敏度量。1993 年,贵州工学院的王子牛[54]研究了采煤机滚筒结构参数和运动参数对其截煤、装煤性能的影响,指出选取牵引速度时既要考虑生产率及运转工况,也要考虑与滚筒转速的匹配关系以获得合理的切削厚度,还提出了螺旋滚筒截割性能的评价指标。1993—1994 年,西安矿业学院的牛东民[55-56]从断裂力学观点出发,分析了煤体在刀具切削作用下的破碎机理以及刀具切削力的变化规律和影响因素,建立了破岩力学模型,指出煤的破坏是存在于岩体中的裂隙,特别是层理、节理的失稳导致的;对裂隙的扩展模式及其有关的影响因素进行了分析,取得了与实际破碎现象较为一致的结论。1998 年,煤炭科学研究总院上海分院的张守柱等[57]研究了截齿排布对滚筒截割性能的影响,指出截齿在圆周上均布应作为确保滚筒截割负荷波动系数最小、总截齿数最少、滚筒处于高效截割状态的主要优化原则。1999—2000 年,重庆大学的雷玉勇等[58-59]根据刀形截齿破煤过程的宏观现象,应用拉破坏理论建立了刀形截齿破煤的理论模型,从而导出断裂角和截割阻力的理论表达式、刀形截齿硬质合金齿尖露出齿身长度的理论表达式和切槽间距最佳值的理论表达式。辽宁工程技术大学的李晓豁等[60-61]分别对镐形、刀形截齿的截割性能进行了试验研究,指出截割阻力随切屑厚度的增加而增大,而单位截割能耗与切屑厚度呈双曲线型规律变化,崩落角、截割阻力随截距的增加而增大,在试验的速度范围内,随截割速度增加,截割阻力和单位截割能耗减小。2000 年,太原理工大学的程文斌[62]应用非线性有限元软件 LSDYNA 对一种新的采煤机截割机构——盘形滚筒进行了数值模拟,得到了煤岩结构的应力分布云图、滚筒和单齿的受力曲线,结合数值计算分析了盘形滚筒的破煤机理。2001年,贵州工业大学的胡应曦等[63]为获得最佳切削厚度,研究了采煤机滚筒截齿布置方式、滚筒转速与牵引速度的匹配关系对滚筒截割性能的影响,分别指出薄煤层、中厚煤层和厚煤层较优的截齿布置方式。2001—2002年,辽宁工程技术大学的王春华等[64-65]利用楔形截齿进行了煤岩截割试验并指出煤岩体中存在裂隙缺陷和层理节理结构,在截齿破煤中既可发生裂纹扩展又可发生剪切破坏,使用单一的拉应力或剪应力理论并不能很好地解释破煤机理,破煤过程中裂纹的扩展将沿煤岩体内的层理、节理展开。2002年,辽宁工程技术大学的姚宝恒等[66]对镐形截齿进行了截割试验研究,给出了镐形截齿截割力的计算公式,通过试验结果验证了截割力计算公式的正确性;在此基础上分析了镐形截齿在破煤过程中截割力的影响因素,并指出增大安装角在截深一定时会减小截割力,但安装角不能过大,否则会出现硬质合金头扳断、脱落现象。2002—2004年,黑龙江科技学院的刘春生等[67-68]详细分析了镐形截齿安装角对其受力和截煤的影响,推导出了煤质、截齿主要参数与安装角的定量关系以及齿身与煤体不发生干涉的理论条件,分析了镐形截齿截割力特性,指出截割载荷具有分形特征。2003年,西安科技大学的宁仲良等[69]对镐形截齿截割煤岩体时的应力分布进行了研究,得到了镐形截齿的应力分布图和应力的变化曲线图,并指出可以通过合理地选择硬质合金头材料和改善截齿合金头与齿身的焊接质量来解决镐形截齿硬质合金头的脱落和折损问题。2005—2006年,安徽理工大学的汲方林等[70-72]对横轴式掘进机截割头截齿的空间位置进行了描述,对其负荷进行了分析;建立了截齿空间数学模型,利用模拟软件MATLAB对其运动轨迹、速度、加速度进行了仿真分析;利用有限元软件ANSYS对截齿进行了静力学分析,找出了其最大受力点,并对截割臂及截割头整体进行了动力学分析,从而获得了固有频率及各阶振型。2005—2006年,中南大学的夏毅敏等[73-74]利用分形理论研究了滚筒式截割头破碎钴结壳情况,建立了分形模型并通过试验验证了该模型的准确性,证明了破碎钴结壳在破碎过程中的能耗较符合裂缝学说,建立了滚筒式截割头截割钴结壳的动力学模型、截割载荷模型、采矿头截齿数量模型、粒度分布模型和截割比能耗模型并分别对其进行了程序模拟。2006—2007年,辽宁技术工程大学的丛日永等[75-76]对纵轴式掘进机的钻进工况进行了分析研究,提出了钻进工作切削厚度的计算方法,在建立钻进工况下单齿受力模型的基础上,得到了截割头载荷计算方法,并研究了各参数对掘进机钻进过程的影响,同时以掘进时间最短和载荷波动最小为目标建立了截割头结构参数和运动参数的优化模型。2007年,重庆大学的朱才朝等[77]对截割机构与煤岩相互作用的耦合非线性动力学特性进行了研究,并探讨了截割过程中截割机构的运动规律和力学性能,为实际工况下截割系统的耦合非线性动力学研究提供了依据。2008年,中国矿业大学的Du等[78]根据煤岩截割理论建立了单个截齿的力学模型和计算公式以及滚筒的载荷波动模型,根据最小负载波动建立了滚筒截齿布置的优化模型,讨论了截齿布置对滚筒负载波动系数的影响。2008年,太原理工大学的姬国强等[79]利用非线性有限元软件LS-DYNA对截齿截割煤岩进行了仿真研究,得到了截齿的三向力曲线和截割阻力的平均值,指出截割阻力的平均值随速度的增加呈现出先减小后增大的特点。2009年,中国矿业大学的刘送永等[80-82]通过试验研究了采煤机滚筒的截割性能及截割动力学特征,指出了滚筒的各项参数与截割性能的关系,并得到煤岩界面载荷存在分形特征以及截割动力系统是混沌系统的结论;利用煤岩截割试验台测量了截齿截割力(该试验台结构示意图如图1-3所示),并指出截割力与煤的抗压强度线性相关,与硬质合金头的直径和截割深度之间呈指数关系,截割力波动曲线和截割深度曲线均呈 S 形;对不同截齿排列方式的滚筒进行截割试验,统计分析了不同滚筒的截割扭矩;对截落煤岩的块度进行分级处理,研究不同截齿排列方式的滚筒截割块煤效率。

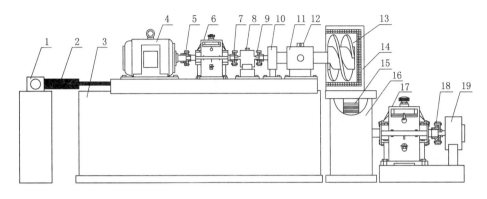

1—液压缸支架;2—推进油缸;3—推进导轨;4—电动机;5—联轴器 1;
6—减速器 1;7—联轴器 2;8—扭矩传感器;9—联轴器 3;10—轴承座;
11—测力支架;12—压力传感器;13—试验滚筒;14—试验煤壁;15—齿轮齿条传动机构;
16—平移导轨;17—减速器 2;18—联轴器 4;19—液压马达。

图 1-3 煤岩截割试验台结构示意图

2010 年,太原理工大学的王峥荣等[83]等利用非线性有限元软件 LS-DYNA 建立了采煤机截齿截割煤层的有限元三维数字化模型,模拟了镐形截齿截割煤层的动态过程,获取了截齿的能量、速度和加速度等参数,分析了不同截齿安装角度对截割块煤效率的影响,得出了块煤截割效率最高的截齿安装角。2010 年,辽宁工程技术大学的曹艳丽等[84]对截齿的截割能力进行了研究,由截割电机功率求得采煤机截齿的平均截割力,在此基础上进行了镐形截齿截割试验,根据试验给出了基于煤岩截割的截割阻抗,并分析了采煤机滚筒转速、滚筒直径、截割齿数和截割功率对截齿截割力的影响。2010 年,西安科技大学的白学勇[85]对镐形截齿的冲击动力学性能进行了研究,通过对截齿有限元模型静力学和动力学的模拟计算得出截齿以不同速度冲击煤岩后截齿的速度、加速度、受力、应力及能量变化规律,同时分析了不同安装约束条件对截齿冲击性能的影响。其研究结果表明,静力分析中截齿最大等效应力出现在刀头部位;动力学分析中截齿应力呈现先增大后减小的趋势,剪切应力起主要作用;较大速度的截齿拥有较高工作效率,但其受力较大;截齿安装间距越小越有利于破煤。2011 年,中南大学的周游等[86]应用非线性有限元软件 LS-DYNA 进行煤岩截割破碎仿真,研究不同切削角对截齿截割阻力的影响以及切削厚度与比能耗之间的关系,并与常用的截齿截割阻力公式计算结果相比较得出截割阻力最小时的最佳切削角以及切削厚度与截割比能耗的关系。2011 年,辽宁工程技术大学的赵丽娟等[87]根据采煤机破煤理论的单齿受力模型模拟了 4 种不同截齿排列方式的滚筒随时间变化的载荷谱,通过分析比较 4 种排列方式在不同工况下的载荷谱,指出了不同工况下适用的截齿排列方式。2011 年,辽宁工程技术大学的李晓豁等[88]在假定条件下运用随机过程理论,通过 MATLAB 软件对截齿截割阻力和牵引阻力进行了模拟,模拟中通过改变截齿单个或几个参数的方法研究了相关参数对截齿截割性能的影响,其结果表明牵引阻力是载荷最大峰值的最大分力。2011 年,中国矿业大学的 Liu 等[89]建立了截齿空间布置的力学模型,分析了截齿锥度和齿尖合金头直径对截割性能的影响,并对截齿截割煤岩时的最佳角度及干涉条件进行了研究,指出为减小截齿的截割力和降低磨损,截齿齿尖夹角应不大于截齿最小磨损角与冲击角差值的一半,截齿三维间隙角不应小于零。2013 年,辽宁工程技术大学的毛君等[90]针对传统镐形截齿破碎岩石的严重损耗现象提出了一种冲击滚压破碎方式,即采用冲击机构和滚压机构相配合的方式破碎岩石,对破碎机构的布置方式进行冲击参数、刀具受力情况、切削参数、围岩属性的匹配研究。2013 年,辽宁工程技术大学的 Zhao 等[91]利用LS-DYNA软件和SPH(光滑粒子流体动力学)技术模拟掘进机单齿破岩过程,利用 SPH 技术可以有效地模拟和分析岩石的变形、破坏和其他动力现象。2014 年,中国矿业大学的高魁东[92]基于滚筒装煤机理展开了采煤机装煤性能的试验研究和仿真方法研究,并讨论了工作面角度和滚筒位置参数对装煤性能的影响。煤岩截割试验台实物图如图 1-4 所示。

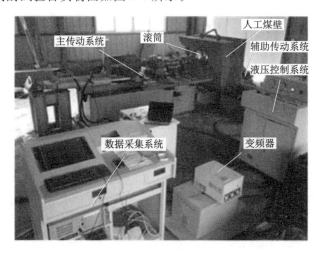

图 1-4　煤岩截割试验台实物图

2013—2014 年,中国矿业大学的 Jiang 等[93-94]利用二维粒子流方法建立了掘进机截齿截割煤岩的离散元模型,研究了掘进机截齿的破岩机理并指出煤岩破碎的三个阶段;同时利用混沌和分形理论研究了截割载荷时间序列的动力学特性,指出截割载荷具有明显的混沌和分形特征。2017 年,Lu 等[95]将损伤本构模型和失效准则相结合实现了三维仿真中岩石裂纹扩展和碎片的分离,截割力仿真对实际的岩石截割力具有很好的预测作用。

1.2.2　刀具破岩数值模拟研究现状

利用试验方法对截齿破岩的动力学性能、岩石破碎机理进行研究是极可靠和极有效的途径,但是采用这种途径需要承担更多的试验费用,花费更多的时间[42]。利用理论方法对破岩机理进行研究更为系统且对试验过程具有一定的指导作用,但是理论结果不够直观,同时由于实际情况是复杂多变的,理论公式很难涵盖所有的变量因素。仿真方法对结果的获取和特征的提取比试验和理论方法更加快速、详细,在试验条件下想要得到与仿真方法同类的数据在很多情况下需要花费高昂的试验设备购买经费,所以仿真方法在国内外学者的研究中被广泛应用,且对刀具破岩研究有很大的帮助。大量的仿真表明,二维和三维仿真方法在岩石截割过程中的应用具有各自的特点和优势。二维仿真方法在裂纹扩展和碎片分离模拟方面具有较大优势,可以得到较好的仿真效果,但是由于镐形截齿破岩过程是一个三维切削过程,二维仿真方法对镐形截齿的破岩过程并不适用,截割力计算结果与试验值和理论值的相关性较差,数值差距比较大。三维仿真方法的主要优势在于可以获得与试验值相关性较好的截割力,但在破碎效果和破岩机理研究上应用较少。

离散元法(DEM)是一款经典的用于模拟不连续介质的仿真方法,在边坡稳定性、隧道开挖和岩石动态行为分析上具有很大优势并被广泛应用。该方法将岩石模型看作一个含有不同大小的任意圆形颗粒的集合,通过对每个颗粒的接触进行定义并赋予适合的本构模型来模拟岩石整体。模型提供接触力和相对位移关系,通过颗粒之间施加的黏接强度来设定颗粒所能承受的切向力和法向力,模拟过程中当颗粒承受的力超过极限时则产生裂纹。Lei等[96]、Rojek[97]和 Huang 等[98-99]利用 DEM(2D)进行了数值模拟研究并且得到了较可靠的结果。其中,Lei 等[96]利用 DEM(2D)对大理石参数进行了建模,研究了一种对岩石施加静水压的方法,比较了岩石在有无静水压状态下的破岩效果和截割力。Rojek[97]利用 DEM(2D)对镐形截齿破岩过程进行了建模,通过对仿真数据的定性和定量分析验证了仿真结果与试验数据具有较好的相关性,仿真结果对截齿设计具有一定的指导作用。Huang 等[98-99]同样利用 PFC(2D)进行了仿真试验,采用的颗粒本构模型可以宏观体现岩石的弹塑性和断裂特征,对锋利截齿截割岩石试验中岩石在深截深下表现为脆性、在浅截深下表现为韧性的特点进行了模拟。指出截齿和岩石相互作用过程可分为压缩损伤过程和截割拉断过程,岩石损伤的形成与扩展主要与塑性相关,而脆性模型涉及宏观裂纹的形成与扩展,在仿真过程中通过逐步加大截深即可得到岩石破碎由塑性向脆性过渡的过程。浅截深情况下主要是损伤失效,深截深情况下主要是可体现脆性的拉断破坏。如图 1-5(a)所示,利用 PDF(2D)方法能够比较容易地获得裂纹,但是很难得到岩石碎片分离的效果。Dai 等[100]和 Su 等[41]利用 DEM(3D)来仿真岩石破碎过程,这两项研究的相同点是碎片以颗粒的形式分离,软件本身的特点导致飞出的颗粒是相互独立的,因而碎块以离散单元点的形式出现,所以在效果上并不直观[如图 1-5(b)所示]。

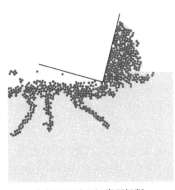

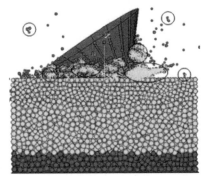

(a) PFC(2D)岩石切削　　　　　　　(b) PFC(3D)岩石切削

图 1-5　DEM 仿真结果

林赉贶等[101]采用离散元法对边缘滚刀的破岩性能进行了分析并研究了滚刀在破碎花岗岩和石灰岩过程中的裂纹扩展过程,指出对于不同性质的岩石,破岩参数的敏感性不尽相同,滚刀截割岩石的截深对裂纹的产生具有显著影响。夏毅敏等[102]采用 PFC(2D)研究了围压和不同刀宽对岩石破碎的影响,结果表明随围压增大裂纹由垂直方向变为水平方向,随刀具增厚裂纹数量变多,同时围压和刀宽的增大会增加截割阻力,试验结果和模拟结果具有较好的一致性。毛君等[103-104]利用 EDEM(一种离散元方法)研究了采煤机截割煤岩的动态过程,研究结果表明装煤效率随截齿安装角的减小先增大后减小,而截割阻力随安装角的增加先减小后增大,在安装角为 45°时割煤及装煤效率最高。赵丽娟等[105]同样基于 EDEM 建立了采煤机截割部破碎煤壁的有限元模型,理论和试验相结合分析各截割参数对装煤效率的影响,得到了针对薄煤层采煤机的最优截割参数。

FLAC 是基于有限差分法的快速拉格朗日计算程序,是一款经典的国际岩土工程分析软件,但在岩石截割数值模拟中应用较少。Stavropoulou[106]、Innaurato 等[107]和 Fang 等[108-109]利用 FLAC(2D)进行了截齿截割岩石的仿真,在仿真过程中能够较好地获得裂纹,并研究了相关影响因素,但是碎片没有分离。其中,Stavropoulou[106]利用 FLAC(2D)对四种大理岩的切削试验结果进行了数值研究,在 FLAC(2D)中对岩石模型截割的过程力与试验过程中所得的过程力一致;认为内聚力和内摩擦角是影响岩石抗切削性能最重要的力学性质;根据试验数值对离散元模型进行了校准,得到了能够对仿真模型和其他类型大理石断裂所需截割力进行预测的力学模型。Innaurato 等[107]利用 FLAC(2D)采用莫尔-库仑本构模型研究了 TBM 刀具对岩石破碎和碎片分离的影响。数值计算可以分析出碎片和所需截割力随隧道深度变化的规律。目前,FLAC 在刀具对岩石的切割过程模拟中存在的主要问题:一是需要在刀具和岩石之间定义侵蚀标准来形成新的岩石表面;二是需要在刀具与岩石之间,以及刀具与新的岩石表面之间建立接触标准。Fang 等[108]建立了用于模拟预测脆性岩石断裂过程中非线性宏观行为的数值方法,将局部细化降解模型引入 FLAC 中,结果表明局部细化降解模型为宏观和微观行为各种现象的研究提供了一种有效的思路。Fang 等[109]在 FLAC 中用同样的方法模拟了岩石的脆性断裂和相关宏观行为。其结果表明降解模型同样能够实现对非均质岩石脆性断裂特征的模拟,包括从元素尺度到宏观尺度的岩石裂纹扩展及断裂行为,断裂角度随着围压变化的规律,岩石破碎过程中完整的应力-应变关系曲线和相应的应变能耗散特征曲线,在围压下应力-应变关系曲线。

国内外学者利用有限元法对刀具破岩过程也进行了大量的研究。在国外,Jaime 等[110]指出,利用仿真方法来模拟岩石切削是一项具有挑战性的课题,这主要是因为岩石和刀具相互作用过程中准脆性岩石的断裂和裂纹传播过程复杂。他们在 LS-DYNA(2D)中利用 Continuous Surface Cap Model 进行了岩石与刀具相互作用的建模,通过与相同试验条件下的结果对比,验证了其仿真过程中截割力和碎片分离的真实性和可靠性,指出截割比能耗与单轴抗压强度是呈正相关的。Menezes 等[42-44,111]认为在高温高压下刀具和岩石之间的摩擦对破岩过程具有很大影响,基于显式有限元分析软件 LS-DYNA(2D)利用损伤本构模型对岩石进行了建模,指出岩石裂纹产生和分离机理主要取决于失效判定准则;对在破岩过程中不同速度下的切削力、应力和岩石变形过程进行了分析,得出切削力与刀具和岩石间的摩擦力、刀具的速度具有很大的关系;对刀具破岩过程中的摩擦角、截割深度和速度对碎片分离过程的影响同样进行了深入研究,得出碎片分离块度随速度增大而减小,随切深增大而增大,随摩擦角增大先增大后减小的结论。Fourmeau 等[112]利用 LS-DYNA(3D)和试验方法对钻头破碎花岗岩的破岩性能进行了研究;在仿真试验中 Fourmeau 等利用软件自带的

HJC 材料本构模型对岩石进行了建模,研究了不同岩石表面网格形式对钻头破岩性能的影响,对试验结果和仿真结果的截割比能耗进行了对比。

在国内,Zhou 等[113]利用 LS-DYNA(3D)基于 MAT_159 连续损伤本构模型对刀具破岩过程进行了仿真,证明该连续损伤本构模型能够有效模拟岩石由韧性向脆性的转变过程,并演示了岩石在二维状态时的应力产生、应力增大、应力单元失效和裂纹扩展的过程,同时研究了不同单元尺寸对裂纹产生的影响,得到了很好的仿真效果。江红祥等[114]基于断裂力学利用 LS-DYNA(3D)对镐形截齿的破岩过程进行了数值模拟,将数值计算结果与文献中理论值和试验值进行了线性拟合,指出其数值计算结果与理论值和试验值具有较好的相关性,并对数值模拟方法和理论、试验数值偏差产生的主要原因进行了分析。Huang 等[115]利用 LS-DYNA(3D)对在围压作用下的截齿破碎岩石行为进行了研究,利用线性回归的方法将其与理论结果、DEM 结果和试验结果进行了对比分析,该仿真结果表明围压对截割力具有显著影响,截割力和碎片大小先随着围压的增大而增大,后随着围压的增大而减小;给出了截割力与围压之间的理论公式,可利用理论进行推算并与试验值进行比较,得出了理论公式可以准确预测截割力的结论。Li 等[116]利用 LS-DYNA(3D)研究了不同截割头截割力的变化情况,结果表明不同截齿安装角下的截割力不同;研究了螺旋线条数对截割性能的影响,截齿在 3 条螺旋线上排列的情况下能够获得最好的切削性能和最稳定的截割力,从而为截割头的优化设计提供了较好的思路。在文献[117]中 Li 等仍然使用了 LS-DYNA(3D)对截割头破岩进行数值模拟,截割头破岩过程的截割力与理论值相比较具有较好的一致性,对在不同煤岩地质环境下的截割头选型具有借鉴意义。Zhu 等[118]针对破岩过程中刀具磨损失效的问题利用 ABAQUS 对不同破岩条件下的破岩过程进行了模拟,通过单刀具破岩数值分析得到了法向力、侧向力和截割阻力的时间历程曲线;对单刀具不同切削深度下的应力状态进行了分析,通过分析在不同截线间距下岩石的应力状态,得到在固定切削深度下的最佳刀具截线间距;分析了刀具形状对磨损的影响,为刀具磨损规律研究及优化设计提供了参考。文献[119-129]利用自主开发的软件 RFPA 进行了一系列刀具破岩过程中的岩石失效形式模拟。其中,在文献[120]中 Tang 等利用软件 RFPA 对含有颗粒和夹杂物的岩体进行破碎模拟,结果显示岩石的失效形式取决于颗粒和夹杂物的力学及几何性质,数值计算结果和试验结果具有较好的一致性。在文献[122]中 Kou 等对岩石失效过程进行详细分析,指出拉伸破坏是岩石的主要失效方式。Labra 等[130]利用将 FEM 和 DEM 相结合的方法对 TBM 刀具破岩过程进行了研究,仿真结果与试验结果和理论结果具有较好的相关性,该仿真可有效预测截割力和截割比能耗;敏感度分析结果表明刀具形状、刀具切削速度、刀具锋利程度和截线间距对截割性能的影响较大。

用于仿真工程问题的有限单元法(FEM)是一项非常实用的方法,2D 和 3D 有限元软件被广泛用于解决工程中二维和三维问题。在岩石破碎机理研究领域,多种有限元仿真手段被应用。比如,LS-DYNA(3D)[114-117]、LS-DYNA(2D)[42,110-111]、ABAQUS[118]和岩石失效过程分析软件 RFPA[119-129]都被用于仿真建模。其中以 LS-DYNA 在岩石与刀具相互作用方面的模拟应用最为广泛。江红祥等[114]、Huang 等[115]和 Li 等[116-117]利用 LS-DYNA(3D)进行了仿真研究,在这些文献中都计算了截齿的截割力,但是并没有成功仿真截齿破岩的裂纹扩展和碎片分离过程,即利用 LS-DYNA(3D)很难仿真截齿破岩的裂纹扩展和碎片分离过程。此类仿真结果如图 1-6(a)所示。

Jaime 等[110]、Menezes 等[42-44,111] 和 Zhou 等[113] 利用 LS-DYAN(2D)软件仿真岩石破碎过程,最具有代表性的仿真结果如图 1-6(b)所示。由仿真结果可以看出,LS-DYNA(2D)方法是数值模拟裂纹扩展和碎片分离的有效手段。

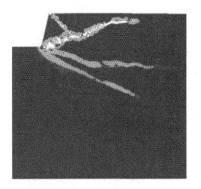

（a）采用FEM（3D）方法[115]　　　　（b）采用FEM（2D）方法[111]

图 1-6　FEM 仿真结果

由东北大学唐春安教授团队开发的 RFPA 软件是一款专业的岩石失效分析软件,广泛应用于岩石失效和截齿破岩机理二维模拟。唐春安教授和他的科研团队近年来基于 RFPA 针对岩石破碎过程中裂纹扩展进行了研究[119-129],提出的岩石破裂过程分析方法可以对岩石单元强度和模量进行赋值,当岩石单元受到的强度超过许用强度时,岩石单元的模量和强度会降低并表现出不同的效果以模拟失效;通过这种方法可以模拟岩石破裂过程中的非线性行为,可形象地表达出岩石在破碎过程中裂纹萌发和生长过程,能从微观上模拟岩石的渐进破坏。不同模拟方法采用的软件及对应的裂纹扩展和碎片分离统计如表 1-1 所示。

表 1-1　不同模拟方法采用的软件及对应的裂纹扩展和碎片分离统计

文献编号	模拟方法	软件	裂纹是否扩展	碎片是否分离	截割力一致性验证	
					试验	理论
[96-99]		PFC	是	是	否	否
[101]	DEM(2D)	PFC	否	否	否	否
[102]		PFC	是	否	是	否
[41]		PFC	否	是	否	是
[100]	DEM(3D)	EDEM	否	是	是	否
[103-104]		EDEM	否	是	否	否
[105]		EDEM	否	是	否	否
[106]		FLAC	是	否	是	否
[107]	FDM(2D)	FLAC	否	否	是	否
[108-109]		FLAC	是	否	否	否

表 1-1(续)

文献编号	模拟方法	软件	裂纹是否扩展	碎片是否分离	截割力一致性验证	
					试验	理论
[112]	FEM(3D)	LS-DYNA	否	否	是	否
[114]		LS-DYNA	否	否	是	是
[115]		LS-DYNA	否	否	否	是
[116-117]		LS-DYNA	否	否	否	否
[118]		ABAQUS	否	否	否	否
[42]	FEM(2D)	LS-DYNA	否	是	否	否
[110]		LS-DYNA	是	是	是	否
[111]		LS-DYNA	是	是	否	否
[113]		LS-DYNA	是	是	是	否
[119-126]		RFPA	是	否	否	否
[127-129]		RFPA	是	是	否	否

文献[96-99,110-111,127-129]均得到了裂纹扩展和碎片分离效果,所采用的均为二维数值模拟方法,这些仿真方法对截割力的研究不足,因为刀具破岩实质是三维的作用过程。通过表 1-1 不难发现,现有研究尚没有采用三维数值模拟方法对刀具破岩时岩石裂纹扩展和岩块分离开展研究。

在有限单元法的数值模拟过程中,为得到明显的裂纹产生与扩展过程,通过适当修改岩石的本构模型并对失效单元进行删除,由此产生裂纹[42]。在该方法应用过程中,可以有选择性地对网格进行细化以得到更好的裂纹效果。在有限元方法中,模型基于应力准则在单元积分点上形成最大主应力,如果最大拉伸应力超过规定的最大许用拉应力,则相应的单元积分点被删除,岩石表现为拉伸断裂而出现裂纹并扩展,直至岩块分离。

通过对截齿破岩模拟结果的分析,FEM 是一款较为全面的岩石截割过程数值模拟软件。FEM 最重要的特征是可以在微观上研究碎片形成机理,在破岩模拟过程中可以清晰地表达出碎片形成区域的温度、应力、应变等信息,这些特征是其他仿真软件不容易实现的,但是这种数据显示和处理结果在试验过程中没有合理的测量途径。本书将利用 LS-DYNA (3D)进行镐形截齿破岩研究,通过将损伤模型和侵彻失效相结合的方法研究破岩过程中的裂纹扩展现象和岩石断裂过程。

1.2.3 弹性薄板理论研究及应用现状

弹性薄板求解析解问题,一直都是一个比较复杂的问题,其主要原因在于载荷和约束条件的复杂性[130]。在非混合约束条件薄板弯曲问题中,一边约束的薄板在所有约束中的求解最为复杂,这主要是因为平衡方程和挠度方程不仅要满足边界条件还要满足两个自由角点的条件。载荷条件为均布载荷和静水压的挠度求解相对简单,集中载荷作为不连续载荷的一种特殊形式,其挠度求解时需求解四个挠度方程,工作量较大。

张福范[131-132]引入了广义简支边的概念,利用叠加法求解了不连续载荷下弹性薄板弯曲问题,讨论了集中载荷作用于板中点时薄板弯曲的求法。林鹏程[133]基于广义简支边的求解方法并采用叠加法对悬臂梁在集中载荷作用下的弯曲问题进行了求解,但是其求解方案仅适用于载荷作用点在固定边中垂线上的情况。王磊[134]利用康托洛维奇法给出了均布载荷、集中载荷等情况下四边支承、三边支承一边自由的弹性薄板弯曲解。朱雁滨等[135]利用功的互等定理求解了一边固定三边自由的矩形板的挠度问题,得出了该边界和载荷条件下的通用解。成祥生[136]应用最小势能原理研究了边界对称同时载荷对称情况下的悬臂板弯曲问题,指出近似解与求解结果的误差在很大程度上取决于选用的挠度函数。许琪楼等[137-138]将一边支承三边自由的矩形板视作广义超静定弯曲问题,利用叠加法进行求解,并利用逆向分析法对求解结果进行了验证,还给出了均布载荷下三边支承一边自由的矩形薄板挠度问题的求解方法。

王红卫等[139]基于薄板理论对地下采场中岩板的挠度和应力分布进行了数值模拟,合理解释了工作面中部支架承受更大工作阻力的原因。林海飞等[140]根据弹性薄板变形理论,应用薄板挠曲面微分方程得到岩层断裂的瞬时载荷,指出岩层变形规律与岩层的厚度、形状、泊松比和弹性模量等参数有关,与模拟试验的结果吻合较好。张嘉凡等[141]基于三边固支一边自由矩形弹性薄板理论对急斜煤层变形进行了研究,研究表明在煤层开采过程中合理选取水平分段数值可以有效地控制岩层变形。柳小波等[142]基于纳维叶解计算了四边固支矩形板在集中载荷和均布载荷下的挠度近似解,计算结果表明板厚、载荷、板尺寸和抗弯强度是影响应力的主要因素,基于第一强度理论给出了顶板安全控制方程,通过工程实例验证了该方程和理论的正确性。王平等[143]利用两对边固支两对边简支薄板模型对煤矿坚硬岩层断裂步距进行了预测,得出了固定端最大弯矩与长宽比的关系。顾伟等[144]将用水材料填充后的顶板简化为两边固支两边简支等5种约束条件下的矩形薄板,研究表明推进距离越大,最大弯矩越大,并用现场数据对理论模型进行了验证。杨培举等[145]根据薄板理论得到了岩层的挠度表达式,采用试验、数值模拟和理论分析的方法研究了采场上方围岩对采场围岩应力分布的影响。秦广鹏等[146]根据最小能量原理建立石英砂岩两邻边固支一边自由一边简支的矩形薄板模型并根据实例得出近似解,指出合理弱化方程参数可以得到收敛性较好的计算结果,并可以保证石英砂岩的弯曲控制效果。余夫等[147]基于薄板理论建立了在碳酸盐岩挤压作用下的地压力学模型,基于弹性力学考虑了地层压力系数、变形曲率和弹性模量对地层压力模型的影响,指出地层压力随地层弹性模量、变形曲率和压力系数的增加而增加,通过实例分析证明了构建的地压力学模型能够准确预测碳酸盐岩地层压力。张培鹏[148]在煤矿开采的硬厚岩层关键层受力研究中,根据弹性薄板最小势能原理近似求解了四边固支、三边固支一边简支、两邻边固支两邻边简支、两对边固支两对边简支和一边固支三边简支等矩形板约束条件下的硬厚岩层弯曲挠度方程,得到了硬厚岩层正应力表达式,得出了在各种合理约束条件下的最大拉应力值和最大应力点。蒋金泉等[149-150]根据地下实际工况将硬厚岩层简化为三边固支一边简支弹性薄板,利用变分法求出了均布载荷下弹性薄板的近似解,提出了三边固支一边简支硬厚岩层的断裂步距计算方法。Li 等[151]基于 Reissner 理论并结合加权残差法推导出了四边固支的硬厚顶板第一次断裂的挠度理论公式;根据 Vlasov 薄板理论推导出了四边简支的硬厚顶板寿命理论计算公式,并证明了该理论公式精度高于传统梁理论精度,从而为掌握硬厚薄板断裂时的挠度状况提供了理论依据。

1.3　存在问题

国内外学者对截齿破岩进行的理论、试验和数值模拟研究,以及对弹性薄板弯曲的各种求解方法的研究,为本书的研究提供了指导和重要参考依据,但对截齿破岩研究和弹性薄板弯曲求解的研究仍存在以下几个突出的问题:

① 针对截齿破岩过程,国内外学者进行了大量的数值模拟,利用 FEM(2D) 和 DEM(2D) 的数值模拟方法可以得到较好的可视性效果,但是截齿破岩是截齿和岩石的三维相互作用过程,这类数值模拟方法在截割力预测分析方面存在欠缺。利用 FEM(3D) 和 DEM(3D) 的数值模拟方法在截割力预测分析方面具有很大的优势,但是岩石破裂效果较差,不能有效地体现岩石从裂纹产生到岩块分离的过程。在岩石破碎机理方面,少有学者对截齿破岩过程中岩石单元或者颗粒的失效方式进行探讨。

② 国内外学者注重通过试验的方法进行截割比能耗的研究,但是通过三维数值模拟的方法对截割比能耗的研究尚存在空白。在现有研究中截割比能耗的计算方法有多种,但是没有针对数值模拟的截割比能耗的计算方法,理论模型需要完善。

③ 截齿破岩是一个使岩石先产生压缩破碎再产生拉伸断裂的过程,由于岩石具有抗拉强度远小于抗压强度的特性,岩石的拉伸断裂是一个相对容易的过程,而截齿压碎岩石尤其是硬质岩石的过程相对困难。当岩石硬度较低时,截齿破岩时能够保持较好经济性能和月进尺。但是当掘进机截割硬质岩石时,增大截割功率会使截齿损耗率急剧增加,在这种情况下进行岩石截割是不经济的。传统的单纯依靠截齿进行岩石破碎的方法,其硬岩截割会导致截齿严重磨损问题,国内外学者缺少对新型破岩方案的探讨。

④ 存在多自由面的板状岩石破碎过程与传统岩石破碎过程存在很大不同,已有研究缺乏对多自由面板状岩石截割破碎的研究。自由面的增加可有效缩短截齿对岩石的压碎过程,岩石产生拉伸破碎,进而有效降低截割力。开展截齿对具有多自由面的板状岩体的破碎性能研究是十分必要的。

1.4　锯片-截齿联合破岩方法提出

1.4.1　机械破岩方法

悬臂式掘进机是主要的巷道掘进设备,大功率掘进机是掘进设备的主要发展方向。悬臂式掘进机自 20 世纪 60 年代被我国引进并经过 50 多年的技术发展,其技术现已达到国际先进水平,是煤矿开采过程中巷道掘进的主要装备,具有功率大(最高达 320 kW)、质量大(最重达 100 t)、截割强度高(可截割岩石坚固性系数最高达 12)、断面大(50 m²)等特点[152]。截割单位体积煤岩所耗费的能量——截割比能耗(kW·h/m³)和截割单位体积煤岩所耗费的截齿数量——截齿损耗率(n/m^3,n 为截齿数量)是重型大功率硬岩掘进机的主要性能指标和经济指标。现有掘进机对占我国巷道 70% 的煤巷和 20% 的煤岩巷掘进经济性较好,截割效率和月进尺较高。但是在 10% 的全岩巷掘进过程中,岩石强度过高会造成截割比能耗和截齿损耗率增大,能量大量消耗和截齿频繁更换会极大地增加掘进成本[153]。

利用滚刀进行破岩的全断面掘进机,对硬岩适应性强,掘进效率高,巷道维护量小,在隧道掘进施工中获得了广泛应用。然而受煤矿井下复杂的地质条件、巷道布置方式以及采煤工艺的限制,全断面掘进机至今没有在煤矿井下成功应用,煤矿的岩巷掘进还需要进一步研发新型装备。

岩巷掘进中,具有多自由面的板状岩石更易被截割,增加自由面是一种新型有效的辅助破岩方法。岩石形成多自由面的方式有多种,通常有水力切割、机械切割等方法。利用高压水射流辅助破岩就是其中的一种应用途径[154],其原理是利用高压喷水装置所喷射的高压水对岩石的原生和次生构造形成初始破坏,并结合机械破岩的方式对岩石进行截割。自由面附近岩石更容易变形而产生拉伸断裂,从而可有效降低截割力和截齿磨损。但高压水射流破岩方式存在用水量大、巷道排水困难、高压水发生装置不易密封等缺陷,不利于工程实际应用。针对岩巷掘进提出新的截割方法并研究新的截割机构是非常必要的。

1.4.2　金刚石锯片-截齿联合破岩方法提出

针对现有掘进机破岩过程中存在的截齿磨损严重的问题,本书提出了金刚石锯片-截齿联合破岩方法,并加工完成了样机,其现场图如图 1-7 所示。从图 1-7 及实际经验中可以知道,金刚石锯片-截齿联合破岩掘进机截割部与传统掘进机截割部具有很大区别。

图 1-7　金刚石锯片-截齿联合破岩掘进机截割部现场图

金刚石锯片-截齿联合破岩掘进机结构图如图 1-8 所示,该掘进机在国内较为成熟的 EBZ160 型悬臂式掘进机基础上改装而成。

金刚石锯片-截齿联合破岩掘进机主要包括截割头组件、锯片组件、截割头驱动马达、锯片驱动电机、截割部升降及回转油缸、截割头推进滑轨、铲板以及原 EBZ160 型悬臂式掘进机机身。截割部主要包括锯片组件和截割头组件,锯片组件用于对岩石进行开缝以增加自由面,截割头用于对具有多自由面的板状岩石进行破碎。截割部可通过升降和回转油缸进行上下和左右摆动,锯片的旋转由 90 kW 电机通过链传动的方式进行驱动。金刚石锯片-截齿联合破岩方案很好地解决了硬岩截割工况下的截齿磨损问题。

金刚石锯片的节块中由于镶嵌了小颗粒金刚石,具有切削硬度高和环境适应能力强等优点,可适应高强度的锯切任务,在石材加工以及房屋、道路、桥梁等工程中应用广泛。对于高硬度岩石,金刚石锯片在破岩过程中具有较好的锯切性能,利用金刚石锯片的高强度特点可对岩石进行一定深度的切割。金刚石锯片-截齿联合破岩过程结合了现有的掘进机破岩

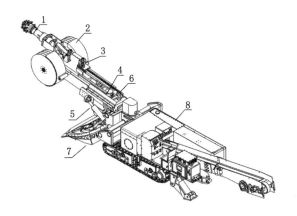

1—截割头组件;2—锯片组件;3—截割头驱动马达;4—90 kW 锯片驱动电机;

5—截割部升降油缸;6—截割头推进滑轨;7—铲板;8—EBZ160 型悬臂式掘进机主体。

图 1-8　金刚石锯片-截齿联合破岩掘进机结构图

技术和金刚石锯片锯切技术,首先利用金刚石锯片对岩石预开多条切缝[如图 1-9(a)所示],可形成板状结构,这种多自由面板状岩石称为岩板。在此基础上利用金刚石锯片对具有切缝的板状岩石进行破碎[如图 1-9(b)所示],可有效减小截割力和减轻截齿磨损程度,提高截割效率。

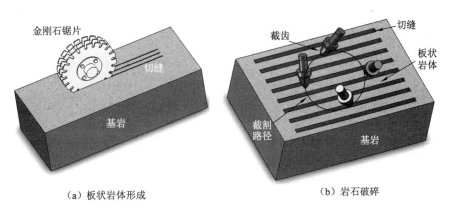

（a）板状岩体形成　　　　　　（b）岩石破碎

图 1-9　金刚石锯片-截齿联合破岩方法

1.4.3　巷道掘进过程中岩板的约束条件

锯片-截齿联合破岩方法的巷道应用示意图如图 1-10 所示,巷道断面利用组合的金刚石锯片进行切缝,然后利用截割头按照一定截割工序对巷道断面进行截割。破碎含有切缝的巷道如图 1-10(a)所示。单截齿破碎板状岩石如图 1-10(b)所示,岩板在镐形截齿的作用下产生弯矩和内力,在弯矩和内力引起的应力超过岩石的极限强度后,岩板会发生断裂。

由锯片切割形成的岩板如图 1-9 所示,岩板的主要特征是具有一条自由边和三条固定边,固定边之间存在圆弧形倒角。为便于试验、理论分析和数值模拟,本书在研究中去除圆弧形倒角的影响,将板状岩石近似为矩形岩板。

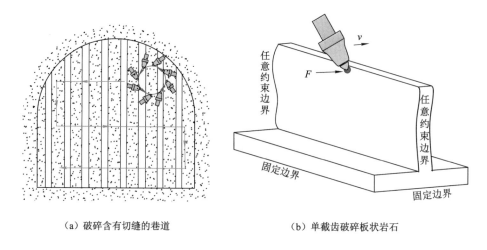

（a）破碎含有切缝的巷道　　　　　　　（b）单截齿破碎板状岩石

图 1-10　锯片-截齿联合破岩方法的巷道应用示意图

锯片初始切割形成的三边约束岩板如图 1-11（a）所示。在截割头对三边约束岩板进行截割的过程中,岩板随机发生断裂,约束条件会发生很大变化。不同的断裂情形会使岩板失去单边或双边的固定约束作用,从而形成图 1-11（b）和图 1-11（c）所示的两邻边约束和一边约束的条件。根据巷道掘进实际工况,三边约束、两邻边约束和一边约束岩板是岩板破碎过程中常见的三种约束形式。根据弹性薄板理论,边界约束分为固支约束和简支约束两种类型,本书中岩板的三边约束、两邻边约束和一边约束均为固支约束。

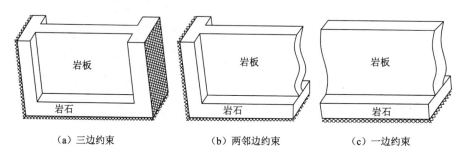

（a）三边约束　　　　　　（b）两邻边约束　　　　　　（c）一边约束

图 1-11　三种常见的岩板约束条件

参考文献

［1］别隆.煤炭切削原理［M］.王兴祚,译.北京:中国工业出版社,1965.

［2］保晋.采煤机破煤理论［M］.王庆康,门迎春,译.北京:煤炭工业出版社,1992.

［3］EVANS I. A theory of the basic mechanics of coal ploughing［M］//Mining Research. Amsterdam:Elsevier,1962:761-798.

［4］EVANS I. The force required to cut coal with blunt wedges［J］. International journal of rock mechanics and mining sciences & geomechanics abstracts,1965,2(1):1-12.

［5］ROXBOROUGH F F. Cutting rock with picks［J］. International journal of rock mechanics and mining sciences,1973,6:445-454.

[6] EVANS I. Line spacing of picks for effective cutting[J]. International journal of rock mechanics and mining sciences & geomechanics abstracts,1972,9(3):355-361.

[7] EVANS I. Optimum line spacing for cutting picks[J]. International journal of rock mechanics and mining sciences,1982,1,433-439.

[8] NISHIMATSU Y. The mechanics of rock cutting[J]. International journal of rock mechanics and mining sciences & geomechanics abstracts,1972,9(2):261-270.

[9] EVANS I. A theory of the cutting force for point-attack picks[J]. International journal of mining engineering,1984,2(1):63-71.

[10] EVANS I. Basic mechanics of the point-attack picks[J]. Colliery guardian,1984(5): 189-193.

[11] ROXBOROUGH F F, LIU Z C. Theoretical considerations on pick shape in rock and coal cutting[C]//Proceedings of the Sixth Underground Operator's Conference, Kalgoorlie,WA,Australia,1995:190-192.

[12] GOKTAN R M. A suggested improvement on Evans cutting theory for conical bits [C]//Proceedings of the Fourth International Symposium on Mine Mechanization and Automation,Brisbane,Queensland,1997,I(A4):57-61.

[13] HURT K G,MACANDREW K M. Cutting efficiency and life of rock-cutting picks [J]. Mining science and technology,1985,2(2):139-151.

[14] HEKIMOGLU O Z. The radial line concept for cutting head pick lacing arrangements [J]. International journal of rock mechanics and mining sciences & geomechanics abstracts,1995,32(4):301-311.

[15] MAZURKIEWICZ D. Empirical and analytical models of cutting process of rocks[J]. Journal of mining science,2000,36(5):481-486.

[16] SHEN H W. Acoustic emission potential for monitoring cutting and breakage characteristics of coal[D].[S. l.]:Pennsylvania State University,1996.

[17] SHEN H W,HARDY H R,KHAIR A W. Laboratory study of acoustic emission and particle size distribution during rotary cutting[J]. International journal of rock mechanics and mining sciences,1997,34(3/4):121.

[18] MURO T, TAKEGAKI Y, YOSHIKAWA K. Impact cutting property of rock material using a point attack bit[J]. Journal of terramechanics,1997,34(2):83-108.

[19] ACHANTI V B. Parametric study of dust generation with rock ridge breakage analysis using a simulated continuous miner[D].[S. l.]:West Virginia University,1998.

[20] CHIAIA B. Fracture mechanisms induced in a brittle material by a hard cutting indenter[J]. International journal of solids and structures, 2001, 38 (44/45): 7747-7768.

[21] ACHANTI V B,KHAIR A W. Cutting efficiency through optimised bit configuration-an experimental study using a simulated continuous miner[J]. Mineral Resources Engineering, 2001,10(4):427-434.

[22] QAYYUM R A. Effects of bit geometry in multiple bit-rock interaction[D]. [S. l.]: West Virginia University Libraries,2003:18-25.

[23] QAYYUM R A. Effects of bit geometry in multiple bit-rock interaction[D]. [S. l.]: West Virginia University Libraries,2003:46-57.

[24] OŇATE E,ROJEK J. Combination of discrete element and finite element methods for dynamic analysis of geomechanics problems [J]. Computer methods in applied mechanics and engineering,2004,193(27/28/29):3087-3128.

[25] MURO T,TRAN D T. Regression analysis of the characteristics of vibro-cutting blade for tuffaceous rock[J]. Journal of terramechanics,2003,40(3):191-219.

[26] HEKIMOĞLU O Z,OZDEMIR L. Effect of angle of wrap on cutting performance of drum shearers and continuous miners[J]. Mining technology,2004,113(2):118-122.

[27] YU B. Numerical simulation of continuous miner rock cutting process[D]. [S. l.]: West Virginia University,2005.

[28] LOUI J P,KARANAM U M R. Heat transfer simulation in drag-pick cutting of rocks [J]. Tunnelling and underground space technology,2005,20(3):263-270.

[29] GOKTAN R M,GUNES N. A semi-empirical approach to cutting force prediction for point-attack picks[J]. Journal-south african institute of mining and metallurgy,2005, 105(4):257-263.

[30] EYYUBOGLU E M,BOLUKBASI N. Effects of circumferential pick spacing on boom type roadheader cutting head performance[J]. Tunnelling and underground space technology,2005,20(5):418-425.

[31] BILGIN N,DEMIRCIN M A,COPUR H,et al. Dominant rock properties affecting the performance of conical picks and the comparison of some experimental and theoretical results[J]. International journal of rock mechanics and mining sciences, 2006,43(1):139-156.

[32] BALCI C,BILGIN N. Correlative study of linear small and full-scale rock cutting tests to select mechanized excavation machines[J]. International journal of rock mechanics and mining sciences,2007,44(3):468-476.

[33] TIRYAKI B,DIKMEN A C. Effects of rock properties on specific cutting energy in linear cutting of sandstones by picks[J]. Rock mechanics and rock engineering,2006, 39(2):89-120.

[34] MISHRA B,KHAIR A W. Numerical simulation of rock indentation and heat generation during linear rock cutting process [C]//U. S. Symposium on Rock Mechanics,2006:653-668.

[35] MISHRA B. Analysis of cutting parameters and heat generation on bits of a continuous miner-using numerical and experimental approach[D]. [S. l. :s. n.],2006.

[36] YILMAZ N G,YURDAKUL M,GOKTAN R M. Prediction of radial bit cutting force in high-strength rocks using multiple linear regression analysis[J]. International journal of rock mechanics and mining sciences,2007,44(6):962-970.

[37] TIRYAKI B. Estimating rock cuttability using regression trees and artificial neural networks[J]. Rock mechanics and rock engineering,2008,42(6):939-946.

[38] ROJEK J,OÑATE E,LABRA C,et al. Discrete element simulation of rock cutting [J]. International journal of rock mechanics and mining sciences,2011,48(6): 996-1010.

[39] GAJEWSKI J,JONAK J. Towards the identification of worn picks on cutterdrums based on torque and power signals using Artificial Neural Networks[J]. Tunnelling and underground space technology,2011,26(1):22-28.

[40] GAJEWSKI J,JEDLIŃSKI Ł,JONAK J. Classification of wear level of mining tools with the use of fuzzy neural network [J]. Tunnelling and underground space technology,2013,35:30-36.

[41] SU O,ALI AKCIN N. Numerical simulation of rock cutting using the discrete element method[J]. International journal of rock mechanics and mining sciences, 2011,48(3):434-442.

[42] MENEZES P L,LOVELL M R,AVDEEV I V,et al. Studies on the formation of discontinuous chips during rock cutting using an explicit finite element model[J]. The international journal of advanced manufacturing technology,2014,70(1/2/3/4): 635-648.

[43] MENEZES P L,LOVELL M R,AVDEEV I V,et al. Studies on the formation of discontinuous rock fragments during cutting operation[J]. International journal of rock mechanics and mining sciences,2014,71:131-142.

[44] MENEZES P L. Influence of cutter velocity,friction coefficient and rake angle on the formation of discontinuous rock fragments during rock cutting process[J]. The international journal of advanced manufacturing technology,2017,90(9/10/11/12): 3811-3827.

[45] 李贵轩. 对螺旋截煤滚筒端盘截齿排列的探讨[J]. 阜新矿业学院学报,1979(0): 55-62.

[46] 陈翀. 采煤机滚筒模型试验研究[D]. 徐州:中国矿业大学,1987.

[47] 陶驰东,陈翀. 采煤机滚筒模化试验研究[J]. 中国矿业大学学报,1989,18(1):51-58.

[48] 牛东民. 螺旋滚筒切削载荷特性的分析[J]. 煤炭科学技术,1988,16(5):12-16.

[49] 陈渠,高天林. 楔形截齿最佳截槽间距的研究[J]. 重庆大学学报(自然科学版),1989, 12(4):100-105.

[50] 刘本立,江涛. 铣削式扁截齿运动学分析[J]. 淮南矿业学院学报,1990,10(1):80-86.

[51] 段雄. 自控水力截齿破岩机理的非线性动力学研究[D]. 徐州:中国矿业大学,1991.

[52] 段雄,余力,程大中. 自控水力截齿破岩机理的混沌动力学特征[J]. 岩石力学与工程学报,1993,12(3):222-231.

[53] 段雄. 岩石截割破碎载荷谱的混沌识别与模拟[M]. 徐州:中国矿业大学出版社,1994.

[54] 王子牛. 采煤机螺旋滚筒参数的优化设计[J]. 贵州工学院学报,1993,22(2):55-63.

[55] 牛东民. 刀具切削破煤机理研究[J]. 煤炭学报,1993,18(5):49-54.

[56] 牛东民.煤炭切削力学模型的研究[J].煤炭学报,1994,19(5):526-530.

[57] 张守柱,吕剑梅.采煤机滚筒截齿排列的研究[J].西安矿业学院学报,1998(2):170-172.

[58] 雷玉勇,李晓红,王建生,等.刀形截齿截割阻力的理论和试验研究[J].煤矿机械,1999,20(10):13-15.

[59] 雷玉勇,李晓红,杨林,等.截齿几何参数与切割参数的匹配研究[J].重庆大学学报(自然科学版),2000,23(1):1-3.

[60] 李晓豁,尹伯峰,李海滨.镐形截齿的截割试验研究[J].辽宁工程技术大学学报(自然科学版),1999,18(6):649-652.

[61] 李晓豁.刀形截齿的截割性能研究[J].辽宁工程技术大学学报(自然科学版),2000,19(5):526-529.

[62] 程文斌.盘形滚筒破煤机理研究[D].太原:太原理工大学,2000.

[63] 胡应曦,陈启梅.采煤机滚筒截齿配置及滚筒转速与牵引速度匹配关系的分析[J].贵州工业大学学报(自然科学版),2001,30(6):15-18.

[64] 王春华,李贵轩,姚宝恒.刀形截齿截割煤岩的试验研究[J].辽宁工程技术大学学报(自然科学版),2001,20(4):487-488.

[65] 王春华,李贵轩,王琦.截齿截割的能耗与块度问题试验研究[J].辽宁工程技术大学学报(自然科学版),2002,21(2):238-239.

[66] 姚宝恒,李贵轩,丁飞.镐形截齿破煤截割力的计算及影响因素分析[J].煤炭科学技术,2002,30(3):35-37.

[67] 刘春生.采煤机镐形截齿安装角的研究[J].辽宁工程技术大学学报,2002,21(5):661-663.

[68] 刘春生.采煤机截齿截割阻力曲线分形特征研究[J].煤炭学报,2004,29(1):115-118.

[69] 宁仲良,朱华双.镐形截齿应力分布规律研究[J].西安科技学院学报,2003,23(3):325-327.

[70] 汲方林,彭天好,许贤良,等.横轴式掘进机截齿有限元应力分析[J].矿山机械,2005,33(8):19-21.

[71] 汲方林,彭天好,许贤良,等.横轴式掘进机截齿运动方程的建立及仿真分析[J],安徽理工大学学报,2005(10):94-99.

[72] 汲方林.横轴式掘进机截割头仿真及优化设计[D].淮南:安徽理工大学,2006.

[73] 夏毅敏,卜英勇,罗柏文,等.基于螺旋切削法破碎钴结壳分形行为研究[J].矿冶工程,2005,25(1):9-11.

[74] XIA Y M,YING-YONG B U,TANG P H,et al. Modeling and simulation of crushing process of spiral mining head[J]. Journal of Central South University of Technology (English Edition),2006,13(2):171-174.

[75] 丛日永.纵轴式掘进机钻进工况及其参数化的研究[D].阜新:辽宁工程技术大学,2007.

[76] 丛日永,李晓豁.纵轴式掘进机钻进工况的运动学模型[J].辽宁工程技术大学学报,2006,25(增刊1):245-246.

[77] 朱才朝,冯代辉,陆波,等.钻柱结构与井壁岩石互作用下系统耦合非线性动力学研究[J].机械工程学报,2007,43(5):145-149.

[78] DU C L,LIU S Y,CUI X X,et al. Study on pick arrangement of shearer drum based on load fluctuation[J]. Journal of China University of Mining and Technology,2008,18(2):305-310.

[79] 姬国强,廉自生,卢绰.基于 LS-DYNA 的镐形截齿截割力模拟[J].科学之友(B 版),2008(4):131-132.

[80] 刘送永.采煤机滚筒截割性能及截割系统动力学研究[D].徐州:中国矿业大学,2009.

[81] LIU S Y,DU C L,CUI X X. Research on the cutting force of a pick[J]. Mining science and technology (China),2009,19(4):514-517.

[82] LIU S Y,DU C L,CUI X X. Experimental research on picks arrangement of shearer drum[J]. Journal of Central South University,2009,40(5):1281-1287.

[83] 王峥荣,熊晓燕,张宏,等.基于 LS-DYNA 采煤机镐形截齿截割有限元分析[J].振动测试与诊断,2010,30(2):163-165.

[84] 曹艳丽,李晓豁,沙永东.连续采煤机截齿截割能力的分析[J].世界科技研究与发展,2010,32(2):196-197.

[85] 白学勇.采煤机截齿冲击动力学性能分析[D].西安:西安科技大学,2010.

[86] 周游,李国顺,唐进元.截齿截割煤岩的 LSDYNA 仿真模拟[J].工程设计学报,2011,18(2):103-108.

[87] 赵丽娟,何景强,许军,等.截齿排列方式对薄煤层采煤机载荷的影响[J].煤炭学报,2011,36(8):1401-1406.

[88] 李晓豁,闫建伟,张惠波,等.镐形截齿截割不同硬质岩石的随机载荷模拟[J].世界科技研究与发展,2011,33(1):65-67.

[89] LIU S Y,CUI X X,DU C L,et al. Method to determine installing angle of conical point attack pick[J]. Journal of Central South University of Technology,2011,18(6):1994-2000.

[90] 毛君,谢春雪,梁晗,等.硬岩掘进机破碎机构布置方法[J].辽宁工程技术大学学报(自然科学版),2013,32(5):664-667.

[91] ZHAO L J,ZHOU Z H,GUAN Q Z,et al. Application of SPH in numerical simulation of roadheader hard rock cutting[J]. Advanced materials research,2012,619:203-206.

[92] 高魁东.薄煤层滚筒采煤机装煤性能研究[D].徐州:中国矿业大学,2014.

[93] JIANG H,DU C,LIU S,et al. Numerical simulation of rock fragmentation process by roadheader pick[J]. Journal of vibroengineering,2013,15(4):1807-1817.

[94] JIANG H,DU C,LIU S,et al. Nonlinear dynamic characteristics of load time series in rock cutting[J]. Journal of vibroengineering,2014,16(1):292-302.

[95] LU Z G,WAN L R,ZENG Q L,et al. Numerical simulation of fragment separation during rock cutting using a 3D dynamic finite element analysis code[J]. Advances in materials science and engineering,2017,2017:3024918.

[96] LEI S,KAITKAY P,SHEN X. Simulation of rock cutting using distinct element method PFC2D[J]. Numerical modeling in micromechanics via particle methods,2004,1(4):63-72.

[97] ROJEK J. Discrete element modeling of rock cutting[J]. Computer methods in materials science,2007,7(2),224-230.

[98] HUANG H,DETOURNAY E,BELLIER B. Discrete element modelling of rock cutting[J]. Geology,1999(8):247-267.

[99] HUANG H,LECAMPION B,DETOURNAY E. Discrete element modeling of tool-rock interaction I:rock cutting[J]. International journal for numerical and analytical methods in geomechanics,2013,37(13):1913-1929.

[100] DAI Y,CHEN L S,ZHU X. Modelling and simulation of a mining machine excavating seabed massive sulfide deposits[J]. International journal of simulation modelling,2016,15(2):377-387.

[101] 林赉贶,夏毅敏,贾连辉,等. TBM边缘滚刀组合破岩特性及其影响因素敏感性评价[J]. 机械工程学报,2018,54(1):18-26.

[102] 夏毅敏,张旭辉,谭青,等. 不同围压下刀宽对滚刀破岩特性的影响规律[J]. 应用基础与工程科学学报,2017,25(3):636-645.

[103] 毛君,刘歆妍,陈洪月,等. 不同截齿安装角对采煤机截割性能的影响[J]. 煤炭科学技术,2017,45(10):144-149.

[104] 毛君,刘歆妍,陈洪月,等. 基于EDEM的采煤机滚筒工作性能的仿真研究[J]. 煤炭学报,2017,42(4):1069-1077.

[105] 赵丽娟,赵名扬. 薄煤层采煤机装煤性能研究[J]. 煤炭学报,2017,42(7):1892-1898.

[106] STAVROPOULOU M. Modeling of small-diameter rotary drilling tests on marbles[J]. International journal of rock mechanics and mining sciences,2006,43(7):1034-1051.

[107] INNAURATO N,OGGERI C,ORESTE P P,et al. Experimental and numerical studies on rock breaking with TBM tools under high stress confinement[J]. Rock mechanics and rock engineering,2007,40(5):429-451.

[108] FANG Z,HARRISON J P. Application of a local degradation model to the analysis of brittle fracture of laboratory scale rock specimens under triaxial conditions[J]. International journal of rock mechanics and mining sciences,2002,39(4):459-476.

[109] FANG Z,HARRISON J P. Development of a local degradation approach to the modelling of brittle fracture in heterogeneous rocks[J]. International journal of rock mechanics and mining sciences,2002,39(4):443-457.

[110] JAIME M C,ZHOU Y N,LIN J S,et al. Finite element modeling of rock cutting and its fragmentation process[J]. International journal of rock mechanics and mining sciences,2015,80:137-146.

[111] MENEZES P L,LOVELL M R,HIGGS C F. Influence of friction and rake angle on the formation of discontinuous rock fragments during rock cutting[C]//Proceedings

of STLE/ASME 2010 International Joint Tribology Conference，October 17-20，2010，San Francisco，2011:271-273.

[112] FOURMEAU M，KANE A，HOKKA M. Experimental and numerical study of drill bit drop tests on Kuru granite[J]. Philosophical transactions series A，mathematical，physical，and engineering sciences，2017，375(2085):176.

[113] ZHOU Y N，LIN J S. Modeling the ductile-brittle failure mode transition in rock cutting[J]. Engineering fracture mechanics，2014，127:135-147.

[114] 江红祥，杜长龙，刘送永，等. 基于断裂力学的岩石切削数值分析探讨[J]. 岩土力学，2013，34(4):1179-1184.

[115] HUANG J，ZHANG Y M，ZHU L S，et al. Numerical simulation of rock cutting in deep mining conditions[J]. International journal of rock mechanics and mining sciences，2016，84:80-86.

[116] LI X Y，LV Y G，JIANG S B. Effects of spiral line for pick arrangement on boom type roadheader cutting load[J]. International journal of simulation modelling，2016，15(1):170-180.

[117] LI X Y，HUANG B B，MA G Y，et al. Study on roadheader cutting load at different properties of coal and rock[J]. The scientific world journal，2013，2013:624512.

[118] ZHU L，WEI T，LIU B，et al. Simulation analysis of rock braking mechanism of tunnel boring machine[J]. Tehnicki vjesnik-technical gazette，2016，23(6):202.

[119] TANG C M. Numerical simulation of progressive rock failure and associated seismicity[J]. International journal of rock mechanics and mining sciences，1997，34(2):249-261.

[120] TANG C A，FU Y F，KOU S Q，et al. Numerical simulation of loading inhomogeneous rocks[J]. International journal of rock mechanics and mining sciences，1998，35(7):1001-1007.

[121] LIU H Y，KOU S Q，LINDQVIST P A，et al. Numerical simulation of shear fracture (mode II) in heterogeneous brittle rock[J]. International journal of rock mechanics and mining sciences，2004，41:14-19.

[122] KOU S Q，LIU H Y，LINDQVIST P A，et al. Numerical investigation of particle breakage as applied to mechanical crushing-part II: Interparticle breakage[J]. International journal of rock mechanics and mining sciences，2001，38(8):1163-1172.

[123] ZHU W C，TANG C A. Micromechanical model for simulating the fracture process of rock[J]. Rock mechanics and rock engineering，2004，37(1):25-56.

[124] TANG C A，LIU H，LEE P K K，et al. Numerical studies of the influence of microstructure on rock failure in uniaxial compression-part I: effect of heterogeneity[J]. International journal of rock mechanics and mining sciences，2000，37(4):555-569.

[125] KOU S Q，LIU H Y，LINDQVIST P A，et al. Rock fragmentation mechanisms induced by a drill bit[J]. International journal of rock mechanics and mining

sciences,2004,41:527-532.

[126] LIU H Y,KOU S Q,LINDQVIST P A. Numerical studies on bit-rock fragmentation mechanisms[J]. International journal of geomechanics,2008,8(1):45-67.

[127] KOU S Q,LINDQVIST P A,TANG C A,et al. Numerical simulation of the cutting of inhomogeneous rocks[J]. International journal of rock mechanics and mining sciences,1999,36(5):711-717.

[128] TANG C A,XU X H,KOU S Q,et al. Numerical investigation of particle breakage as applied to mechanical crushing-part Ⅰ:single-particle breakage[J]. International journal of rock mechanics and mining sciences,2001,38(8):1147-1162.

[129] LIU H Y,KOU S Q,LINDQVIST P A,et al. Numerical simulation of the rock fragmentation process induced by indenters[J]. International journal of rock mechanics and mining sciences,2002,39(4):491-505.

[130] LABRA C,ROJEK J,OÑATE E. Discrete/finite element modelling of rock cutting with a TBM disc cutter[J]. Rock mechanics and rock engineering,2017,50(3):621-638.

[131] 张福范.悬臂矩形板的弯曲[J].清华大学学报(自然科学版),1979,19(2):43-51.

[132] 张福范.在不连续荷载作用下的悬臂矩形板的弯曲[J].应用数学和力学,1981,2(4):369-377.

[133] 林鹏程.在集中荷载作用下悬臂矩形板的弯曲[J].应用数学和力学,1982,3(2):249-258.

[134] 王磊.平行四边形板弯曲问题的康托洛维奇法[J].湖南大学学报,1983,10(4):36-47.

[135] 朱雁滨,付宝连.再论在一集中载荷作用下悬臂矩形板的弯曲[J].应用数学和力学,1986,7(10):917-928.

[136] 成祥生.悬臂矩形板在对称边界荷载下的屈曲[J].应用数学和力学,1990,11(4):351-356.

[137] 许琪楼,李民生,姜锐,等.三边支承一边自由的矩形板弯曲统一求解方法[J].东南大学学报(自然科学版),1999,29(2):87-92.

[138] 许琪楼,白杨,王海.一边支承矩形板弯曲精确解法[J].郑州大学学报(工学版),2004,25(2):23-27.

[139] 王红卫,陈忠辉,杜泽超,等.弹性薄板理论在地下采场顶板变化规律研究中的应用[J].岩石力学与工程学报,2006,25(增2):3769-3774.

[140] 林海飞,李树刚,成连华,等.基于薄板理论的采场覆岩关键层的判别方法[J].煤炭学报,2008,33(10):1081-1085.

[141] 张嘉凡,石平五,张慧梅.急斜煤层初次破断后基本顶稳定性分析[J].煤炭学报,2009,34(9):1160-1164.

[142] 柳小波,安龙,张凤鹏.基于薄板理论的空区顶板稳定性分析[J].东北大学学报(自然科学版),2012,33(11):1628-1632.

[143] 王平,姜福兴,冯增强,等.高位厚硬顶板断裂与矿震预测的关系探讨[J].岩土工程学

报,2011,33(4):618-623.

[144] 顾伟,张立亚,谭志祥,等.基于弹性薄板模型的开放式充填顶板稳定性研究[J].采矿与安全工程学报,2013,30(6):886-891.

[145] 杨培举,何烨,郭卫彬.采场上覆巨厚坚硬岩浆岩致灾机理与防控措施[J].煤炭学报,2013,38(12):2106-2112.

[146] 秦广鹏,蒋金泉,张培鹏,等.硬厚岩层破断机理薄板分析及控制技术[J].采矿与安全工程学报,2014,31(5):726-732.

[147] 余夫,金衍,陈勉,等.基于薄板理论的碳酸盐岩地层压力检测方法探讨[J].石油钻探技术,2014,42(5):57-61.

[148] 张培鹏.上覆高位硬厚关键层结构演化特征及微震活动规律研究[D].青岛:山东科技大学,2015.

[149] 蒋金泉,代进,王普,等.上覆硬厚岩层破断运动及断顶控制[J].岩土力学,2014,35(增刊1):264-270.

[150] 蒋金泉,张培鹏,聂礼生,等.高位硬厚岩层破断规律及其动力响应分析[J].岩石力学与工程学报,2014,33(7):1366-1374.

[151] LI X L,LIU C W,LIU Y,et al. The breaking span of thick and hard roof based on the thick plate theory and strain energy distribution characteristics of coal seam and its application[J]. Mathematical problems in engineering,2017,2017:1-14.

[152] 郝建生.悬臂式重型掘进机关键技术探讨[J].煤炭科学技术,2008,36(4):4-6.

[153] 杨仁树.我国煤矿岩巷安全高效掘进技术现状与展望[J].煤炭科学技术,2013,41(9):18-23.

[154] 江红祥.高压水射流截割头破岩性能及动力学研究[D].徐州:中国矿业大学,2015.

第 2 章　截齿与多自由面岩体相互作用理论

岩石破碎理论研究主要集中在岩石物理机械性质、岩石破碎机理和截齿破岩截割力等方面。不同破岩刀具的破岩机理不同，针对截齿破岩过程建立合理的刀具破岩力学模型，进而研究岩石破碎机理和破碎过程，这对截割力预测具有重要意义。

2.1　截齿破岩理论研究

2.1.1　岩石的结构特点

（1）岩石的结构概况

岩石的结构是指岩石中各种物质的组成及连接关系，包括各种物质的排列、数量、形状和空隙等，结晶和胶结是岩石主要的两种结构形式。结晶连接的岩石通过结晶将岩石内部各物质紧密连接在一起，具有普氏硬度高、抗风化能力强的特点，由于内部裂隙分布的不同又存在一定的差异。颗粒之间通过胶结的形式连接的岩石硬度较小，硬度主要取决于胶结物质及其性质。岩石中由较小的缝隙形成的微小结构面对低围压下岩石的力学性质影响很大，在高围压下由于缝隙被压实，微小结构面对岩石的力学性质影响较小。

（2）岩石的结构类型

完整的原岩一般不含明显节理、层理和裂缝。沉积岩一般由碎裂的岩石在外部围岩压力或者内部胶结、结晶的作用下形成新岩体。岩石结构中胶结的部分或者结晶的部分小于原有岩石的强度[1]。在受热、受拉或受剪作用下岩石结合处有可能再次破裂而形成断续裂隙［图 2-1(a)］，岩石结构体中含有大量细小裂纹。如果原岩在外力或热作用下破碎程度较高，则会形成图 2-1(b)所示的小块度碎裂岩体。层状岩体主要存在于经历弯曲作用的岩层中，并且被其中的节理分割［图 2-1(c)］，该结构体多为组合板状结构体。岩石结构体可被一组或者多组软弱结构面或者坚硬结构面或者节理分割成块裂结构岩体［图 2-1(d)］，其特点是剖割结构面一般较长。岩石在形成过程中夹杂各种物质，在岩石中表现为软弱或坚硬的小块结构体，即形成了散体结构岩体［图 2-1(e)］。

（3）岩石的结构面特征

岩石的结构面根据形成原因可分为原生结构面、构造结构面和次生结构面。岩石在成岩过程中形成的结构面如层面、层理、间断面和软硬夹层等都属于原生结构面，常见的软弱夹层、软弱包裹体以及粗糙的节理接触面会在很大程度上降低岩石的强度。构造结构面的典型代表是节理、断层和劈理等，节理面一般比较粗糙且常有划痕，由于表面覆膜而容易滑动。次生结构面主要是在外界条件下，由载荷、卸荷、爆破等因素形成的各种后生结构面，如在载荷施加、爆破和风化后产生的裂隙。根据结构面的贯穿性可将结构面分为非贯穿结构

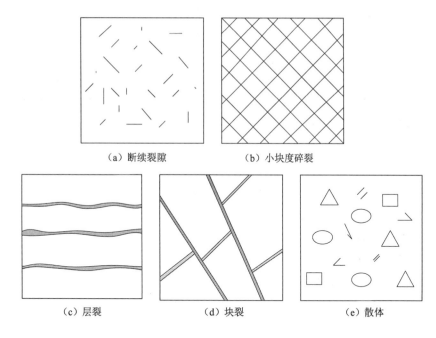

<table>
<tr><td>（a）断续裂隙</td><td>（b）小块度碎裂</td></tr>
</table>

（a）断续裂隙　　　　　（b）小块度碎裂

（c）层裂　　　　（d）块裂　　　　（e）散体

图 2-1　岩石的结构类型

面、半贯穿结构面和贯穿结构面，非贯穿结构面和半贯穿结构面使岩石强度大大降低，变形量增大，贯穿结构面存在是岩石被破坏的决定性因素。

2.1.2　岩石的特性分析

2.1.2.1　节理岩体特性分析

（1）节理岩体结构特性

当岩石受到外载荷作用时内部结构易发生破坏，在破坏处会形成裂隙，并且裂隙的两侧岩石没有发生较大的位移，在地质学上我们通常将这种裂隙称为节理。在实际的岩体工程中，最重要且经常遇到的介质中含节理的岩体（以下简称节理岩体）是其中的一种介质，大多数情况下，砂砾、黏土等物质通常会将节理（裂隙）岩体中的裂缝填满，而且节理岩体的力学强度远远小于均质、连续岩体的力学强度。当受外力作用时，岩石会沿着节理面破碎。常见岩体节理类型如图 2-2 所示[2-3]。

（a）垂直节理　　　　　（b）张节理　　　　　（c）柱状节理

图 2-2　常见岩体节理类型

（2）节理岩体力学特性

节理岩体的物理性质是节理和连续岩石共同控制的。节理岩体强度特征如图 2-3 所示[4]。对于含贯通节理岩体，当 $\beta_1<\beta<\beta_2$ 时，该节理岩体的强度则由结构面——节理面控制，其特性如式（2-1）所示。但是对于非贯通节理岩体在分析其自身强度时，要充分考虑节理的非贯通性，可以参考贯通节理岩体强度的加权平均值来求其强度。对于权重的多少，需要引入一个参数——节理连通率 k。非贯通节理模型如图 2-4 所示[5]。

$$\begin{cases} \varphi_e = \arcsin\left[\dfrac{\sin\varphi_j}{\sin(2\beta-\varphi_j)}\right] \\ c_e = \dfrac{c_j}{\sin(2\beta-\varphi_j)} \cdot \dfrac{\cos\varphi_j}{\cos\varphi_e} \end{cases} \tag{2-1}$$

式中　　φ_e——贯通节理岩体内摩擦角，(°)；

c_e——贯通节理岩体内聚力，Pa；

c_j——贯通节理内聚力，Pa；

φ_j——贯通节理内摩擦角，(°)；

β——节理倾角（即结构面与最大主平面之间夹角），(°)。

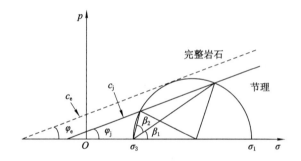

图 2-3　节理岩体强度特征

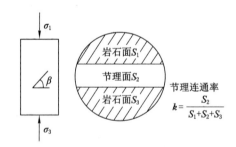

图 2-4　非贯通节理模型

非贯通节理岩体沿节理面发生破坏时，节理面和岩体都达到了自身强度极限。非贯通节理岩体强度的近似加权情况如下[6]。

$$\begin{cases} \varphi_j' = \varphi_j k + \varphi_i(1-k) \\ c_j' = c_j k + c_i(1-k) \end{cases} \tag{2-2}$$

式中　　φ_j'——非贯通节理岩体加权内摩擦角，(°)；

c'_j——非贯通节理岩体加权内聚力,Pa;

φ_j——非贯通节理内摩擦角,(°);

c''_j——非贯通节理内聚力,Pa;

φ''_i——完整连续岩体内摩擦角,(°);

c_i——完整连续岩体内聚力,Pa;

k——非贯通节理岩体的节理连通率。

当 $\beta_1<\beta<\beta_2$ 时,由式(2-3)可以算出非贯通节理岩体的等效物理参数,由式(2-4)可以算出非贯通节理在沿着节理面破坏时的临界倾角。

$$\begin{cases} \varphi'_e = \arcsin\left[\dfrac{\sin\varphi'_j}{\sin(2\beta-\varphi'_j)}\right] \\ c'_e = \dfrac{c''_j}{\sin(2\beta-\varphi'_j)} \cdot \dfrac{\cos\varphi'_j}{\cos\varphi_e} \end{cases} \tag{2-3}$$

$$\begin{cases} 2\beta_1 = \varphi'_j + \arcsin\left[\dfrac{\sigma_m+c'_j\cot\varphi'_j}{\tau_m}\cdot\arcsin\varphi'_j\right] \\ 2\beta_2 = \pi + \varphi'_j - \text{arsin}\left[\dfrac{\sigma_m+c'_j\cot\varphi'_j}{\tau_m}\cdot\sin\varphi_j\right] \end{cases} \tag{2-4}$$

$$\sigma_m = (\sigma_1+\sigma_3)/2$$
$$\tau_m = (\sigma_1-\sigma_3)/2$$

式中　φ'_e——非贯通节理岩体内摩擦角,(°);

c'_e——非贯通节理岩体内聚力,Pa;

σ_m——平均应力,Pa;

τ_m——最大剪切应力,Pa。

对节理岩体进行单轴压缩试验可以将节理岩体的力学特性直观地表现出来。当节理倾角在 0°~90°之间时,节理岩体破坏形式大致可分为两类:剪切拉伸破坏和沿节理滑移破坏,其单轴压缩裂纹破坏形式如图 2-5 所示[2-3]。

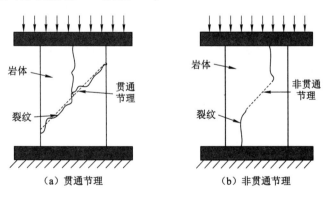

（a）贯通节理　　　（b）非贯通节理

图 2-5　节理岩体单轴压缩裂纹破坏形式

2.1.2.2　层理岩体特性分析

（1）层理岩体结构特性

岩石中的层理是沿岩石垂直方向产生变化的一种层状结构,可以通过岩体结构、岩体颜色和岩体组成成分的变化来体现,是沉积岩和一些火山碎屑岩形成的重要标志。岩体中的层理通常是在沉积物沉积过程中外部沉积环境和作用改变的标志,即在已经形成的层理面两侧属不同的沉积环境,结果导致层理在岩体中形成。层理在形成过程中组成成分、地质构造及成岩时间的特殊性导致含层理岩体在截齿破岩过程中具有明显的各向异性。巷岩中层理主要有 3 类:① 水平层理,层理面互相平行;② 波状层理,层理面呈对称或不对称的斜线;③ 交错层理,层理面之间互相交错、重叠。常见岩体层理类型如图 2-6 所示。

(a)水平层理   (b)波状层理   (c)交错层理

图 2-6   常见岩体层理类型

岩体中的层理大部分为贯通型层理,其在岩体中的常见存在方式如图 2-7 所示。当描述层理在岩体中分布的位置时主要有 2 个参数:层理面与水平面之间的夹角 γ,两相邻层理之间的间距 X。针对层理角度 γ,层理形成原因不同导致层理角度取值范围在 $0° \sim 90°$ 之间;而相邻层理面之间的间距 X 从几厘米到几十米不等。

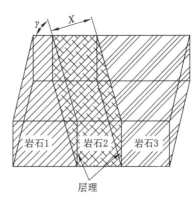

图 2-7   层理在岩体中的常见存在方式

(2)层理岩体力学特性

对于含层理岩体(以下简称层理岩体),其内部存在着明显的分层现象,其岩石的强度及应变特征与不含结构面岩体相比会有所不同,会随着层理角度的变化而改变,明显具有各向异性。通过单轴压缩试验可以得到层理岩体的力学特性。在层理岩体被压缩的过程中,随着施加的压力逐渐增大,岩石裂纹最先出现在层理周围。这是由于层理面为弱结合面,其强度比周围岩石低。平行层理(层理面与轴向夹角为 0°)与垂直层理(层理面与轴向夹角为90°)单轴压缩裂纹破坏形式如图 2-8 所示。

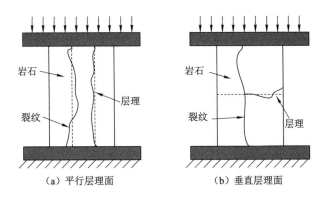

（a）平行层理面　　　　　　（b）垂直层理面

图 2-8　层理岩体单轴压缩裂纹破坏形式

以平行层理面为例,对平行层理进行单轴压缩试验时,其轴向应力-应变关系曲线如图 2-9 所示,共分为 4 个阶段[7]。

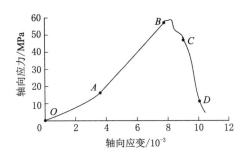

图 2-9　平行层理轴向应力-应变关系曲线

① 图中 OA 段为压密阶段。随着轴向压力增大,岩石中原有层理面及微裂纹等结构面逐渐闭合,岩石被压密。在此过程中岩石的变形模量逐渐增加。

② 图中 AB 段为弹性变形阶段。此阶段含层理岩石的应力-应变关系曲线接近直线,且斜率较大。

③ 图中 BC 段为屈服阶段。在轴向压力继续施加的过程中,层理岩石达到极限强度后,岩石破裂并出现大量裂纹。

④ 图中 CD 段为破坏阶段。层理岩体完全破坏,应力随着应变的增加出现大幅度下降现象,层理岩体发生宏观破坏。

2.1.3　岩石的物理及力学性质

岩石的物理性质和力学性质对截齿载荷及其变化规律有很大的影响,决定了掘进机以及截齿选取的类型。岩石是一种各向异性准脆性材料,其成分和构成由原生和次生构造共同决定,岩石物理性质主要包括岩石的密度、重度、比重和渗透性等性质。力学性质主要包括岩石的强度、硬度和截割阻抗等性质。

（1）岩石的密度和重度

单位体积岩石的质量称为岩石密度（ρ），单位体积岩石的重力称为岩石的重度（γ），此处的体积包括微小空隙所占的体积。密度与重度取决于岩石的组成成分、孔隙率及其含水量，岩石的密度与重度在一定程度上可反映其力学性质。岩石的重度越大，说明其孔隙率越小，岩石强度越高，破碎岩石需要的截割功率越大，块煤率越小，截割比能耗越大。

（2）岩石的孔隙率

孔隙是天然岩石重要的结构特征，其数量和孔径大小与岩石的原生和次生环境因素相关，具有一定的随机性。孔隙率（n）可表示为岩石中孔隙的体积与岩石总体积的百分比。孔隙率是影响岩石机械性质的一项重要指标。孔隙率越大说明孔隙数量越多，岩石的强度、硬度越小，机械性能越差。

（3）岩石的强度

岩石是一种各向异性材料，岩石强度是指在外界作用下岩石开始破坏时所受的应力，分为抗压强度 σ_c、抗拉强度 σ_t 和抗剪强度 τ，它们之间的关系如式（2-5）所示。

$$\sigma_c : \sigma_t : \tau = 1 : (0.03 \sim 0.1) : (0.1 \sim 0.4) \tag{2-5}$$

由式（2-5）可知，岩石的抗拉强度比抗压强度小很多，也明显小于抗剪强度。因此，在进行掘进机截齿设计及指导施工时，应尽量利用岩石不抗拉、不抗剪的特性对岩石进行破碎，以获得较高的截割效率，降低截齿损耗率。岩石中存在的节理、层理和断层同样会在一定程度上降低岩石的抗拉、抗压和抗剪强度。故从岩石的不均质处对岩石进行破碎也是降低截割力的有效途径。

（4）岩石的坚固性

岩石的坚固性是指岩石抵抗因外界刀具截割而变形甚至破碎的能力，是一项综合指标，与岩石的构造、结构类型和结构面特征有关。岩石的坚固性可以用普氏系数 f 来表示，岩石的抗压强度和普氏系数的关系如式（2-6）所示。

$$f = \frac{\sigma_c}{30} + \sqrt{\frac{\sigma_c}{3}} \tag{2-6}$$

对于 $f < 4$ 的岩石，其节理、夹杂物一般较多，通常强度很低，f 在 $4 \sim 8$ 之间的是中等硬度岩石，f 在 8 以上的为坚固岩石。对于不同普氏系数的岩石，应该选择不同的破碎方法。

（5）岩石的受外力作用的变形

岩石的弹性、塑性和流变主要是指岩石在外作用力下变形量和力的关系。在不同的加载环境下，岩石的变形特征是不同的，弹性大的岩石在未被破坏前恢复原形的能力较强，消耗的能量也更多。塑性大的岩石，破坏前变形量较大；脆性岩石塑性空间较小，主要以弹性为主并且伸长率较小。岩石在外界载荷下容易发生没有明显变形的脆性破坏，主要表现为拉伸脆性破坏和剪切脆性破坏。岩石在受压情况下容易出现塑性变形、蠕变和挤出等现象，这属于塑性破坏。

（6）截割阻抗

对于同一截割刀具和特定岩石，其截割阻力跟截割深度具有特定的关系，当被截割岩石的性质发生改变的时候，这种特定的关系发生改变，即跟岩石的性质相关。单位截割深度岩石对截齿的阻力称为截割阻抗，用 $A(kN/m)$ 表示，其公式如式（2-7）所示。截割阻抗可表示为截齿受到的阻力在深度上的平均值。

$$A = \frac{F_t}{L} \tag{2-7}$$

式中 F_t——截齿受到的截割力;

L——截割深度。

经过大量的试验和统计,A 的经验性取值范围如式(2-8)所示[8]。

$$A = (100 \sim 150)f \tag{2-8}$$

(7)岩石脆性程度和可破碎性指标

岩石脆性程度是衡量其破碎性的重要指标,决定了岩石破碎的块度,在截割过程中的岩石崩裂角满足式(2-9)。

$$\tan \varphi = BL^{-0.5} \tag{2-9}$$

式中 B——岩石脆性程度指数;

φ——岩石崩裂角。

B 值越大,岩石越容易破碎,掘进机截割比能耗越小;B 值越小,岩石破碎程度越低,截割比能耗越大。岩石可破碎性指标是一项综合性指标,是对岩石截割阻抗和脆性程度指数的综合考虑,如式(2-10)所示。

$$R = \frac{0.38A}{B+1} \tag{2-10}$$

式中 R——岩石可破碎性指标($kW \cdot h \cdot cm/m^3$),反映了岩石的可破碎性能。

(8)岩石的摩擦腐蚀特性

掘进机在截割破碎岩石时,由于岩石对切割它的金属或者硬质合金具有一定的摩擦腐蚀特性,会加剧截齿的磨损,在一定程度上会影响刀具的切割效果,增大破岩过程的截割阻力。一般来讲,掘进机截齿和岩石之间的摩擦系数不仅仅和截齿的材料特性有关,还和截割载荷所形成的应力密切相关。根据岩石切割理论,摩擦腐蚀性系数 f_m 的经验公式如下。

$$f_m = \frac{V_m}{P_m L_m} \tag{2-11}$$

式中 V_m——金属零部件体积变化量;

P_m——岩石所受到的压力;

L_m——两物体相对运动的距离。

随着煤炭开采深度逐渐增大,井下巷道的掘进难度增大,岩石处于围压状态下的复杂地质环境中,这使得井下岩石的力学特性和地表岩石力学特性明显不同。深部岩石所受地应力较为均匀,均匀围压下岩石力学性质可通过三轴压缩试验表现出来,围压岩体分为低围压岩体和高围压岩体两类[9]。三轴压缩模型如图 2-10 所示。

对岩石进行三轴压缩试验时,改变围压大小,岩石应力-应变关系曲线会发生改变。低围压和高围压条件下岩石轴向应力-应变关系曲线如图 2-11 所示。在低围压下,岩石应力-应变关系曲线在加载初期明显处于压密阶段,且在岩石破坏前其线弹性过程较短,曲线坡度较小,并具有一定的屈服阶段。在高围压下,岩石应力-应变关系曲线在加载初期没有出现明显的压密阶段,且在岩石破坏前其线弹性过程较长,曲线坡度较陡,在达到应力极限值后直接破坏,没有出现屈服阶段,呈现明显的脆性破坏特征。低围压岩石破坏模式主要以剪切破坏为主,高围压岩石破坏模式则存在两种破坏模式——剪切破坏和劈裂破坏[10]。

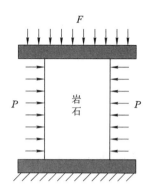

图 2-10　三轴压缩模型

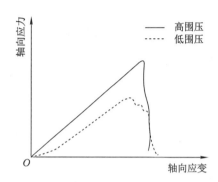

图 2-11　低围压和高围压条件下岩石轴向应力-应变关系曲线

2.1.4　截齿破岩分析

2.1.4.1　截齿破岩理论分析

岩石材料具有多样化的机械特性,截齿破岩理论在 20 世纪就被提出,经过不断完善,已经形成多种经典理论。1984 年,Evans[11] 提出了镐形截齿破碎岩石的力学模型,他指出刀形截齿破岩理论对于镐形截齿破岩没有适用性。这是因为刀形截齿的现有模型都倾向于将刀形截齿作为二维模型来推导破岩理论,而镐形截齿本身是一个圆锥,所以镐形截齿破岩过程实际上是一个三维破岩过程。Evans 的理论认为,岩石破碎截割力随岩石抗拉强度的增大而线性增大,随岩石单轴抗压强度的增大而降低,随截割深度的增大呈指数型增大趋势,随截割角度的增大而增大。Evans 的理论模型如式(2-12)所示。Evans 对其理论模型进行了试验验证,结果表明理论模型和试验结果具有较好的一致性。

$$F_{\mathrm{E}} = \frac{16\pi\sigma_{\mathrm{t}}h^{2}}{\cos^{2}\left(\dfrac{\alpha}{2}\right)\sigma_{\mathrm{c}}} \tag{2-12}$$

式中　F_{E}——该理论获取的峰值截割力;

　　　σ_{t}——岩石的抗拉强度;

　　　h——岩石的切削深度;

　　　α——岩石的截割角;

σ_c——岩石单轴抗压强度。

Roxborough 等[12]基于 Evans 的镐形截齿破岩理论进一步研究了岩石与截齿之间的摩擦对截割力的影响,提出了对于 Evans 理论的修正公式,该修正公式如式(2-13)所示。

$$F_R = \frac{16\pi\sigma_t^2 h^2}{2\sigma_t + \left[\dfrac{1+\tan\alpha}{\tan\left(\dfrac{\alpha}{2}\right)}\right]\sigma_c\cos\left(\dfrac{\psi}{2}\right)} \tag{2-13}$$

式中　F_R——Roxborough 理论获取的切向峰值截割力;

　　　ψ——岩石与截齿之间的摩擦角。

Goktan[13]指出,截齿齿尖锥角越小,破岩过程中与岩石接触面积越小,截割力越小,当截齿齿尖锥角为 0°时截割力明显为 0。但是 Evans 和 Roxborough 等的模型中并没有考虑截齿齿尖锥角对截割力的影响。Goktan 以截齿齿尖锥角为模型优化的出发点,建立同时考虑截齿齿尖锥角和摩擦系数的截齿破岩峰值截割力力学模型,该模型如式(2-14)所示。

$$F_G = \frac{4\pi\sigma_t^2 h^2 \sin\left(\psi+\dfrac{\gamma}{2}\right)}{\cos\left(\psi+\dfrac{\gamma}{2}\right)} \tag{2-14}$$

Goktan 模型在 Evans 理论基础上进行了优化,但是忽略了岩石单轴抗压强度对截割力的影响。通过进一步研究,Goktan 等[14]对 Goktan 理论进行了优化,考虑了镐形截齿的安装角度,并指出这一理论适合抗压强度在 30～170 MPa 之间的岩石,理论公式如式(2-15)所示。

$$F_{G\&G} = \frac{12\pi\sigma_t^2 h^2 \sin^2\left[(90-\alpha)\times\dfrac{1}{2}+\psi\right]}{\cos\left[(90-\alpha)\times\dfrac{1}{2}+\psi\right]} \tag{2-15}$$

Wang 等[15]结合大量的理论和试验研究,通过回归分析给出了基于经验和试验数据的理论模型,相比 Evans、Roxborough 和 Goktan 理论,Wang 等的模型考虑了岩石的剪切强度,修正后的峰值截割力计算公式如式(2-16)所示。

$$F_W = (0.059\,\sigma_c + 3.93C)\cdot\frac{\sin\left(\psi-\dfrac{\alpha}{4}\right)}{\sin\left(\dfrac{\pi}{2}-\alpha\right)+\cos\left(\dfrac{\pi}{2}-\alpha\right)}\cdot dh + 2\,172 \tag{2-16}$$

式中　C——岩石剪切强度。Wang 等的试验结果表明,其理论公式计算结果与试验结果吻合性较好。

Yasar 根据前人研究的缺点提出了基于半经验的理论模型,其理论模型通过引入各种系数可以预测单齿、多齿的平均截割力和峰值截割力,其理论模型如式(2-17)所示。

$$F_Y = KK_r\varepsilon d\,\sigma_c A(\alpha)B(\beta) \tag{2-17}$$

$$A(\alpha) = \frac{\sin\dfrac{1}{2}\left(\dfrac{\pi}{2}-\alpha\right)}{1-\sin\dfrac{1}{2}\left(\dfrac{\pi}{2}-\alpha\right)}$$

$$B(\beta) = e^{-0.054\beta}$$

式中　K——力系数,求取峰值截割力时取值为 2.45,求取平均截割力时取值为 1。

K_r——卸荷系数,卸压截割取值为 0.72,非卸压截割取值为 1。

β——截齿倾角。

国内外学者对于截齿破岩力学模型的研究已经非常丰富,该部分内容的研究能够为后文数值模拟参数的确定提供依据。

2.1.4.2 截齿破岩过程分析

截齿、滚刀和钻头等截割刀具可通过机械驱动力的作用进行岩石破碎。根据不同的破岩原理,机械刀具破岩方式总体可分为冲击破岩、切削破岩和冲击-切削破岩3种。在含有原岩裂隙的地方,冲击破岩的成功率和破碎效率非常高,板块劈裂岩石比小块碎裂岩石的破碎效果好。截齿、麻花钻头和金刚石钻头等都属于切削刀具,钻头破岩是旋转切削钻进的过程,由于钻头顶部的合金或者金刚石作用,钻削刀具对硬质岩石的压坏和破碎性能较好。悬臂式掘进机可以掘进不同断面的巷道,对煤和软岩的截割效率较高。近年来掘进机功率的提高对中等硬度岩石具有一定的破碎效果。

对于不同的截齿,切削破岩机理类似,截齿破岩过程如图2-12所示。截齿破岩的过程根据形态变化可分为4个阶段:弹性变形阶段、密实核破碎阶段、裂纹产生及扩展阶段、岩块分离阶段。

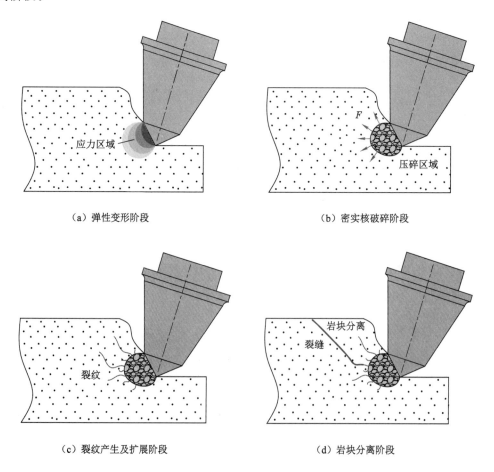

图 2-12　截齿破岩过程

（1）弹性变形阶段

岩石在镐形截齿作用下产生弹性变形及应力区域[图 2-12(a)]。岩石随着截齿的运动在屈服强度极限范围内产生变形，与截齿接触位置表现为挤压下陷，并在挤压下陷区形成较高的压应力，岩石承受的压应力随离接触区域距离的增加而逐渐减小。应力区域范围与岩石的性质有关，岩石弹性模量越大则应力区域范围越小，岩石弹性模量越小则应力区域范围越大。

（2）密实核破碎阶段

随着镐形截齿的运动，截齿对岩石施加的载荷持续增加。当应力值超过了岩石的屈服强度极限时岩石应力区域进入塑性变形区域而产生较大变形。此阶段岩石的抗压强度明显降低，从而使岩石内部微细小裂纹贯穿形成粉末并被截齿压实，形成了半球形的岩粉密实核。该密实核由于受到截齿力的作用而对密实核周围岩体产生放射状载荷[图 2-12(b)]。

（3）裂纹产生及扩展阶段

随放射状载荷的增加，密实核周围岩石开始承受拉应力且该拉应力逐步增大。当密实核对周围岩体的拉应力大于岩石抗拉强度时，岩石在拉应力下表现出脆性的特点使岩石被拉伸破坏而随机产生多处细小裂纹。随着载荷进一步增大，岩体在密实核作用下所产生的细小裂纹开始向岩石表面方向扩展[图 2-12(c)]。

（4）岩块分离阶段

岩石粉末在高压条件下呈现半流体状态，流入密实核周围产的多处裂隙，在外载荷作用下使岩石裂缝失稳并迅速破裂，裂缝扩展至岩石表面使岩块在截齿作用下分离出岩石基体[图 2-12(d)]。碎块分离过程中会出现较大块岩石，也会出现较小块岩石，在密实核周围的裂纹都将继续扩展并发生小范围破碎。在所有裂纹和碎块中有一条裂纹是主裂纹，其对应的岩块最大。岩石破碎过程中，裂纹的扩展和分离岩石块度的体积是岩石性质、截齿形状和截齿运动参数等多种因素决定的。

2.2　岩板弯曲力学分析

在本书提出的金刚石锯片-镐形截齿联合破岩方法中，锯片对岩石的锯切过程，先是一个切入过程，而后沿固定深度切割从而形成具有一定厚度的板状岩石。岩板的厚度大小决定了截割力的大小。当岩板厚度较小时，由于岩石的弹脆性在截齿破碎过程中可以使其大块掉落；当岩石厚度较大时，岩石很难产生整体弹性变形，不容易产生断裂。所以在金刚石锯片-镐形截齿联合破岩方法中，锯切形成的板状岩石在厚度较小时对截齿截割更加有利。将岩板近似为弹性薄板，应用薄板理论[16-17]建立岩板力学模型，可对薄板在截齿作用下的弯曲状况进行求解。

2.2.1　截齿破碎岩板力学模型建立

根据弹性薄板理论，当板的厚度与其最小特征尺寸的比值大于 1/5 时为厚板；当厚度与最小特征尺寸比值为 1/80～1/5 时为薄板；当板厚与最小特征尺寸比值小于 1/80 时为薄膜。为达到岩板被截齿截割断裂的目的，设置的岩板厚度一般较薄，因而可将岩板简化为弹性薄板，并将由锯切形成的具有圆弧倒角的薄板简化为矩形板。当岩板断裂时，其挠度远小于岩板厚度，故可将岩板弯曲问题视为小挠度问题。

弹性薄板理论与梁弯曲理论相似,可以简化一些不重要的因素。弹性薄板小挠度弯曲问题的简化方法由 Kirchhof 提出,具体假设如下。

① 变形前垂直于岩板中性面的直线段,在岩板变形后仍然垂直于变形后的岩板中性面,其长度保持不变。

② 与 σ_x、σ_y 和 τ_{xy} 相比,垂直于岩板中性面方向的正应力 σ_z 较小。在对应变进行计算时,σ_z 可以忽略不计,这与梁弯曲理论中纵向轴线无相互作用力的假设相似。

③ 岩板弯曲变形时,岩板中性面内各点只有垂向(z 向)位移而无 x 和 y 向位移。分别用 u、ν 表示 x、y 向的位移分量,用 $\omega(x,y)$ 表示挠度函数,则有式(2-18)。

$$u_{z=0} = 0, \nu_{z=0} = 0, \omega_{z=0} = \omega(x,y) \tag{2-18}$$

取边长分别为 a 和 b 的岩板为研究对象,以岩板中性面为基准面建立坐标系,该岩板力学模型如图 2-13 所示,h 为薄板的厚度。截齿合金头是一个圆锥体,对岩板施加的力可近似看作一个集中力 P,力的坐标为 (ξ, η),方向垂直于岩性中性面。根据截割头的实际截割工况,岩石会受到不同条件的约束。

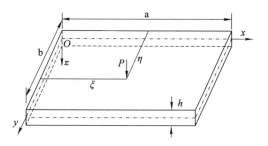

图 2-13 岩板力学模型

2.2.2 岩板弯曲微分平衡方程

随着截齿运动,岩板受到的截割作用力不断增大,岩板在力的作用下发生弯曲,板内部各点发生位移并且产生应力。根据 Kirchhoff 假设第一条和第三条,结合弹性力学[18],可得位移分量表达式:

$$u = -\frac{\partial \omega}{\partial x}z, \quad \nu = -\frac{\partial \omega}{\partial y}z \tag{2-19}$$

岩板内任意一点的位移沿 x 和 y 方向呈线性分布,上下两平面的位移最大,中性面处的位移为零。

根据弹性力学中应变和位移关系可得应变分量表达式:

$$\varepsilon_x = -\frac{\partial^2 \omega}{\partial x^2}z, \quad \varepsilon_y = -\frac{\partial^2 \omega}{\partial y^2}z, \quad \gamma_{xy} = -2\frac{\partial^2 \omega}{\partial x \partial y}z \tag{2-20}$$

根据 Kirchhoff 假设第一条和第二条,结合胡克定律可知应力和应变关系如下:

$$\begin{cases} \sigma_x = -\dfrac{Ez}{1-\mu^2}\left(\dfrac{\partial^2 \omega}{\partial x^2} + \mu\dfrac{\partial^2 \omega}{\partial y^2}\right) \\[2mm] \sigma_y = -\dfrac{Ez}{1-\mu^2}\left(\dfrac{\partial^2 \omega}{\partial y^2} + \mu\dfrac{\partial^2 \omega}{\partial x^2}\right) \\[2mm] \tau_{xy} = -\dfrac{Ez}{1+\mu}\dfrac{\partial^2 \omega}{\partial x \partial y} \end{cases} \tag{2-21}$$

式中　E——岩板的弹性模量,MPa;

　　　σ_x,σ_y——岩板任意点$(x,y,z)x$和y方向的正应力,MPa;

　　　τ_{xy}——岩板内的切应力,MPa;

　　　μ——泊松比,是无量纲量;

　　　ω——岩板的挠度。

由弹性力学中平衡方程和式(2-21)可得:

$$\begin{cases} \tau_{xz} = \dfrac{E}{2(1-\mu^2)}\left(z^2 - \dfrac{h^2}{4}\right)\dfrac{\partial}{\partial x}\nabla^2\omega \\[3mm] \tau_{yz} = \dfrac{E}{2(1-\mu^2)}\left(z^2 - \dfrac{h^2}{4}\right)\dfrac{\partial}{\partial y}\nabla^2\omega \end{cases} \tag{2-22}$$

式中　∇^2——Laplace 算子。

由式(2-21)和式(2-22)可知,岩板弯曲应力分布如图 2-14 所示。

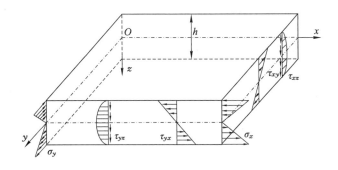

图 2-14　岩板弯曲应力分布

应力分量对于边界条件的满足具有局限性,通过对应力分量进行积分,合成的岩板内力可以精确地满足边界条件。岩板横截面内力如图 2-15 所示。

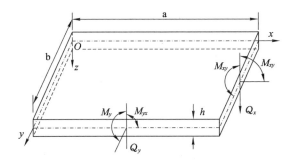

图 2-15　岩板横截面内力

在垂直 x 轴的截面上,y 方向取单位长度,由应力分量 σ_x 合成的弯矩 M_x、剪应力 τ_{xy} 形成的弯矩 M_{xy} 和由 τ_{xz} 形成的横向切力 Q_x 为:

$$\begin{cases} M_x = \int_{-\frac{h}{2}}^{\frac{h}{2}} z\sigma_x \, \mathrm{d}z = -D\left(\frac{\partial^2 \omega}{\partial x^2} + \mu \frac{\partial^2 \omega}{\partial y^2}\right) \\ M_{xy} = \int_{-\frac{h}{2}}^{\frac{h}{2}} \tau_{xy} \, \mathrm{d}z = -D(1-\mu)\frac{\partial^2 \omega}{\partial x \partial y} \\ Q_x = \int_{-\frac{h}{2}}^{\frac{h}{2}} \tau_{xz} \, \mathrm{d}z = -D\frac{\partial}{\partial x}\nabla^2 \omega \end{cases} \tag{2-23}$$

在垂直 y 轴的截面上，x 方向取单位长度，由应力分量 σ_y 合成的弯矩 M_y、剪应力 τ_{yx} 形成的弯矩 M_{yx} 和由 τ_{yz} 形成的横向切力 Q_y 为：

$$\begin{cases} M_y = -D\left(\frac{\partial^2 \omega}{\partial x^2} + \mu \frac{\partial^2 \omega}{\partial y^2}\right) \\ M_{yx} = -D(1-\mu)\frac{\partial^2 \omega}{\partial x \partial y} \\ Q_y = -D\frac{\partial}{\partial y}\nabla^2 \omega \end{cases} \tag{2-24}$$

式中　D——矩形岩板的抗弯强度，N·m。$D = \dfrac{Eh^3}{12(1-\mu^2)}$。

假设在岩板上表面施加均布载荷 q，已知 z 轴方向力之和为零，内力和内矩对 x 轴和 y 轴弯矩之和为零，则可得如式（2-25）所示的平衡方程：

$$\begin{cases} \frac{\partial Q_x}{\partial x} + \frac{\partial Q_y}{\partial y} + q = 0 \\ \frac{\partial M_x}{\partial x} + \frac{\partial M_{yx}}{\partial y} = Q_x \\ \frac{\partial M_{xy}}{\partial x} + \frac{\partial M_y}{\partial y} = Q_y \end{cases} \tag{2-25}$$

将式（2-25）中后两个公式带入第一个公式，并注意到 $M_{yx} = M_{xy}$，则可得：

$$\frac{\partial M_x}{\partial x^2} + 2\frac{\partial^2 M_{xy}}{\partial x \partial y} + \frac{\partial^2 M_y}{\partial y^2} + q = 0 \tag{2-26}$$

结合式（2-24）、（2-25）和（2-26），可以得到如下弯曲薄板微分平衡方程：

$$\frac{\partial^4 \omega}{\partial x^4} + 2\frac{\partial^4 x}{\partial x^2 \partial y^2} + \frac{\partial^4 \omega}{\partial y^4} = \frac{q}{D} \tag{2-27}$$

假设在岩板面上任意一点 (ξ, η) 处作用一集中载荷（图 2-16），岩板的微分平衡方程如式（2-28）所示。

$$\frac{\partial^4 \omega}{\partial x^4} + 2\frac{\partial^4 \omega}{\partial x^2 \partial y^2} + \frac{\partial^4 \omega}{\partial y^4} = \frac{P}{D}\delta(x-\xi, y-\eta) \tag{2-28}$$

其中 $\delta(x-\xi, y-\eta)$ 是在奇点 (ξ, η) 处的二维 Dirac-delta 函数，定义如式（2-29）所示。

$$\delta(x-\xi, y-\eta) = \begin{cases} \infty & x = \xi, y = \eta \\ 0 & \text{其他}(x, y)\text{点} \end{cases} \tag{2-29}$$

2.2.3　岩板弯曲函数求解

根据功的互等定理，岩板在弹性空间内，第一组外力及弯矩在第二组力相应位移上所做功的总和等于第二组力及弯矩在第一组力相应位移上所做功的总和。功的互等定理定义了

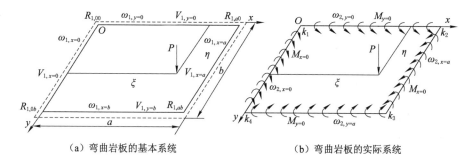

（a）弯曲岩板的基本系统　　　　　（b）弯曲岩板的实际系统

图 2-16　弯曲岩板的求解系统

两个受力系统，分别为弯曲基本系统和弯曲实际系统。弯曲岩板的基本系统为四边简支的岩板在集中载荷下的弯曲系统。该基本系统如图 2-16（a）所示，具有特殊性。弯曲岩板的实际系统为任意边界条件和受力条件下的弯曲系统。该实际系统如图 2-16（b）所示，具有一般性。实际系统以基本系统为求解基础。

应用功的互等定理将图 2-16（a）所示的基本系统转化为图 2-16（b）所示的实际系统，两者之间的关系如式（2-30）所示。

$$\omega_2(\xi,\eta) - \int_0^b V_{1,x=0}\omega_{2,x=0}\,\mathrm{d}y + \int_0^b V_{1,x=a}\omega_{2,x=a}\,\mathrm{d}y - \int_0^a V_{1,y=0}\omega_{2,y=0}\,\mathrm{d}x$$

$$+ \int_0^a V_{1,y=b}\omega_{2,y=b}\,\mathrm{d}x - R_{1,00}k_1 + R_{1,a0}k_2 - R_{1,ab}k_3 + R_{1,0b}k_4$$

$$= P\omega_1(\xi,\eta) + \int_0^b M_{x=0}\omega_{1,x=0}\,\mathrm{d}y - \int_0^b M_{x=a}\omega_{1,x=a}\,\mathrm{d}y$$

$$+ \int_0^a M_{y=0}\omega_{1,y=0}\,\mathrm{d}x - \int_0^a M_{y=b}\omega_{1,y=b}\,\mathrm{d}x \tag{2-30}$$

对式（2-30）进行移项和整理可得式（2-31），与修正的 Castigliano 定理所得的挠曲面方程相同，符合余能原理。

$$\omega(\xi,\eta) = \omega_2(\xi,\eta) = P\omega_1(x_0,y_0) + \left[\int_0^b M_x\omega_{1,x}\,\mathrm{d}y\right]_0^a$$

$$- \left[\int_0^a M_y\omega_{1,y}\,\mathrm{d}y\right]_0^b - \left[\int_0^b V_{1,x}\omega_{2,x}\,\mathrm{d}y\right]_0^a - \left[\int_0^a V_{1,y}\omega_{2,y}\,\mathrm{d}y\right]_0^a + \left[(R_1 k)_0^a\right]_0^b \tag{2-31}$$

式中　　$\omega(\xi,\eta)$——实际系统岩板挠度；

$\omega_1(\xi,\eta)$——基本系统岩板挠度；

(x_0,y_0)——集中载荷 P 的实际作用位置；

M_x,M_y——实际系统各边的弯矩；

V_1——基本系统各边承受的剪力；

R_1——支点反力；

k——支点位移。

岩板挠曲面方程是关于力、扭矩和弯矩的函数，对于不同边界条件和载荷的实际系统，可以对边界所受弯矩和由变形所引起的挠度进行假设，通过满足不同的边界条件来完成对挠度 $\omega(\xi,\eta)$ 的求解，得到岩板变形特征，进而求得岩板各处正应力等内力。通过式（2-31）可以注意到，要对弯曲薄板实际系统挠度 $\omega(\xi,\eta)$ 进行求解，就要先对其基本系统 $\omega_1(\xi,\eta)$ 进行求解。根据前人对功的互等定理的介绍，基本系统是固定已知系统，前人已经通过弯曲薄板微分平衡方程和功的互等定理给出了基本解的边界值。所以在 $\omega(\xi,\eta)$ 的边界值求解过程中可以将基本系统边界值作为已知量，从而可仅对实际系统边界扭矩和挠度进行求解。

2.2.4 多种约束条件下岩板弯曲分析

通过第 1 章的分析可知，三边约束、两邻边约束和一边约束是锯片-截齿破岩方法在巷道实际应用中最有可能出现的岩板约束形式，本小节对这 3 种不同边界约束条件下的岩板弯曲进行分析，并研究其断裂位置。

2.2.4.1 三边约束岩板弯曲分析

集中载荷条件下三边约束岩板力学模型如图 2-17 所示，根据岩板固定边承受弯矩和挠度为零的特点，将固支边等价为简支边和弯矩的组合，并可对岩板边界上的弯矩和挠度进行如下假设：

$$\begin{cases} M_{x=0} = M_{x=a} = \sum_{n=1,2}^{\infty} A_n \sin \beta_n y \\ M_{y=0} = \sum_{m=1,3}^{\infty} D_m \sin \alpha_m y \\ \omega_{y=b} = \sum_{m=1,3}^{\infty} C_m \sin \alpha_m y \end{cases} \tag{2-32}$$

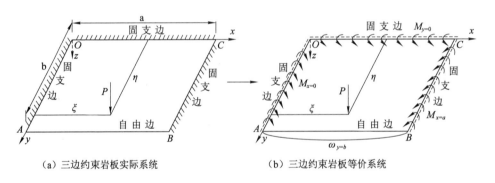

（a）三边约束岩板实际系统　　　　（b）三边约束岩板等价系统

图 2-17　集中载荷条件下三边约束岩板力学模型

对图 2-17(a)中三边约束岩板实际系统和图 2-17(b)中三边约束岩板等价系统，利用功的互等定理可得：

$$\omega(\xi,\eta) = P\omega_1(x_0,y_0) - \int_0^a V_{1,y=b}\omega_{y=b}\,\mathrm{d}x$$
$$+ \int_0^b M_{x=0}\omega_{1,x=0}\,\mathrm{d}x - \int_0^b M_{x=a}\omega_{1,x=a}\,\mathrm{d}x + \int_0^a M_{y=0}\omega_{1,y=0}\,\mathrm{d}x \tag{2-33}$$

式(2-32)中，$\alpha_m = \dfrac{m\pi}{a}$，$\beta_n = \dfrac{n\pi}{b}$，存在 A_n、D_m 和 C_m 3 个未知量。可对式(2-33)执行如下边界条件。

$$\left(\frac{\partial \omega}{\partial \xi}\right)_{\xi=0} = 0, \quad \left(\frac{\partial \omega}{\partial \eta}\right)_{\eta=b} = 0, \quad (V_{1,\eta})_{\eta=b} = 0 \tag{2-34}$$

由上面 3 个方程即可得到 A_n、D_m 和 C_m 的值,由此可以得到岩板弯曲方程。

受锯缝宽度的影响,截齿对岩板的作用位置一般在岩板边缘,假设截齿作用于自由边中点。取 $a=b$,泊松比 $\mu=0.3$,在板($a/2,b$)处施加集中载荷 P,对板微分平衡方程进行求解,得岩板自由边挠度随 ξ/a 变化的曲线,该曲线如图 2-18 所示。集中力作用在岩板自由边中点时,在自由边中点处产生的最大挠度为 $4.6(\times10^{-3}Pa^2/D)$,自由边两侧由于固支作用其挠度为零,满足岩板边界条件。由岩板挠度分布和弯曲应力分布特征可知,岩板下表面中部 $z=-h/2$ 处会产生最大拉应力,根据岩石抗压强度明显大于抗剪和抗压强度的特性,自由边中部最容易达到抗拉强度而被拉断。

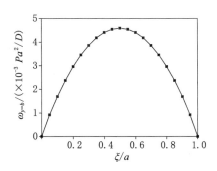

图 2-18　集中载荷 P 作用在三边固支岩板自由边中点时自由边的挠度曲线

固定边 $x=0$ 和固定边 $y=0$ 的弯矩分布如图 2-19 所示。在 $x=0$ 固定边,弯矩随 η/b 的增大而增大,在 η/b 接近于 1 时达到最大值,其计算结果收敛较慢,这是固支边与自由边边界条件导致的,岩板最大弯矩在固支边与自由边交界处附近为 $1.02(-P\times10^{-1})$。在 $y=0$ 固定边,当 $\xi/a<0.5$ 时弯矩随 ξ/a 的增大而增大,当 $\xi/a=0.5$ 时弯矩达到最大值 0.67 $(-P\times10^{-1})$,当 $\eta/b>0.5$ 时弯矩随 ξ/a 的增加而下降,固定边弯矩曲线以 $\eta/b=0.5$ 中心对称。自由边与固定交界处以及 $y=0$ 固定边中点由于负弯矩作用产生三条边界最大拉应力,此三处由于先达到岩石的抗拉强度而产生拉伸断裂。

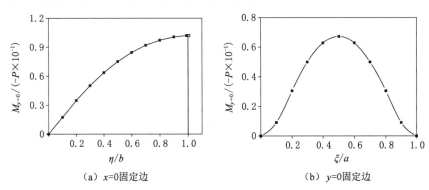

（a）$x=0$固定边　　　　　　（b）$y=0$固定边

图 2-19　集中载荷 P 作用在三边固支岩板自由边中点时固定边的弯矩曲线

2.2.4.2　两边约束岩板弯曲分析

三边约束岩板在被破碎过程中,与自由边相邻的某一固支边发生断裂后,即形成了两邻边约束两邻边自由的岩板,其力学模型如图 2-20 所示,OA 边和 OC 边为固定边,AB 边和 BC 边为自由边。

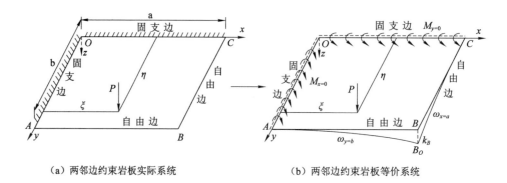

（a）两邻边约束岩板实际系统　　　　　　　（b）两邻边约束岩板等价系统

图 2-20　集中载荷下两邻边约束岩板力学模型

为方便求解和建立微分平衡方程,将固支边变换为简支边和弯矩的组合,并进行如下假设[19]:

$$
\begin{cases}
M_{x=0} = \sum\limits_{n=1,2}^{\infty} A_n \sin\beta_n y \\[2mm]
M_{y=0} = \sum\limits_{n=1,2}^{\infty} B_m \sin \alpha_m x \\[2mm]
\omega_{x=a} = \sum\limits_{n=1,2}^{\infty} C_n \sin \beta_n y + k_B y \\[2mm]
\omega_{y=b} = \sum\limits_{n=1,2}^{\infty} D_m \sin \alpha_m y + k_B x
\end{cases}
\tag{2-35}
$$

根据功的互等定理有:

$$
\omega(\xi,\eta) = P\omega_1(x_0,y_0) + \int_0^b M_{x=0}\omega_{1,x=0}\,\mathrm{d}y + \int_0^a M_{y=0}\omega_{1,x=0}\,\mathrm{d}x
$$
$$
- \int_0^b V_{1,x=0}\omega_{x=a}\,\mathrm{d}y - \int_0^a V_{1,y=b}\omega_{y=b}\,\mathrm{d}x + R_B k_3
\tag{2-36}
$$

对式(2-36)取边界条件,则有:

$$
\left(\frac{\partial \omega}{\partial \xi}\right)_{\xi=0} = 0,\ \left(\frac{\partial \omega}{\partial \eta}\right)_{\eta=0} = 0,\ (V_{1,\eta})_{\eta=b} = 0,\ (V_{1,\xi})_{\xi=a} = 0,\ \left(\frac{\partial^2 \omega}{\partial \xi \partial \eta}\right)_{\eta=b}^{\xi=a} = 0
\tag{2-37}
$$

式(2-35)中有 A_n、B_m、C_n、D_m 和 K_B 5 个未知量,通过式(2-37)5 个边界条件即可对其进行求解。

根据实际工况,截齿一般作用在岩板的自由边界上,取两种特殊情况对薄板弯曲进行求解。取 $a=b$,在坐标为 $(a,b/2)$ 的自由边界中点施加集中力 P,其自由边挠度和固定边弯矩如图 2-21 所示。

由于一端固定,一端自由,自由边呈现非对称弯曲姿态,$x=a$ 自由边挠度如图 2-21(a)所示,最大挠度为 $0.37Pa^2/D$。$y=0$ 固定边弯矩如图 2-21(b)所示,最大弯矩为 1.08 $(-P)$,发生在自由边和固定边交界处,此处在计算过程中收敛较慢。对于两邻边约束岩

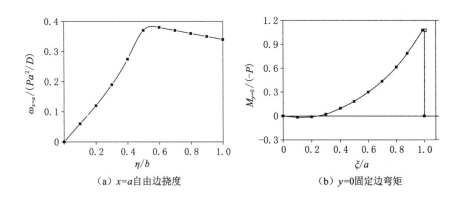

（a）$x=a$ 自由边挠度　　　　　　　　（b）$y=0$ 固定边弯矩

图 2-21　集中载荷 P 作用于自由边中点时两邻边约束岩板边界的挠度和弯矩

板,当集中载荷 P 作用于自由边中点时,自由边与固定边交界处以及集中力作用位置最先达到岩石的抗拉强度而产生拉伸断裂。

取 $a=b$,在角点 (a,b) 处施加集中载荷 P,自由边挠度如图 2-22(a)所示,自由边的弯曲程度曲线几乎是一条直线,最大挠度为 $0.298Pa^2/D$,发生在自由角点处,最大弯矩为 1.287 $(-P)$,在自由边和固定边的交界处容易产生拉伸断裂。作用于自由角点的最大挠度比集中力 P 作用在自由边中点时的小,作用于自由角点的最大弯矩比集中力 P 作用在自由边中点时的大。

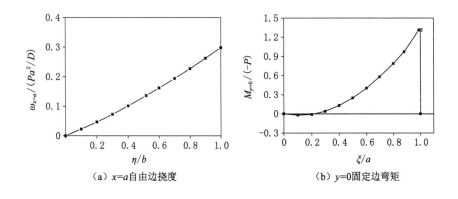

（a）$x=a$ 自由边挠度　　　　　　　　（b）$y=0$ 固定边弯矩

图 2-22　集中载荷 P 作用于自由角点时两邻边约束岩板边界的挠度和弯矩

2.2.4.3　一边约束岩板弯曲分析

三边约束岩板在被破碎过程中,与自由边相邻的两固支边均发生破碎后即形成了一边约束岩板。两邻边固支两邻边自由岩板,在其中一条固支边发生断裂后,也会形成一边约束三边自由的岩板,其力学模型如图 2-23 所示,其中 OC 为固支边,OA、AB 和 BC 为自由边。

为便于建立的微分平衡方程求解,将 OC 固支边等价为具有弯矩作用的简支边,并进行如式(2-38)所示的假设[158]。

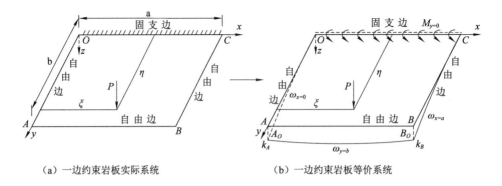

（a）一边约束岩板实际系统　　　　　（b）一边约束岩板等价系统

图 2-23　集中载荷 P 作用下一边约束岩板的力学模型

$$
\begin{cases}
M_{y=0} = \sum_{m=1,2}^{\infty} A_m \sin \alpha_m x \\[2mm]
\omega_{x=0} = \sum_{n=1,2}^{\infty} B_n \sin \beta_n y + \dfrac{y}{b} k_A \\[2mm]
\omega_{x=a} = \sum_{n=1,2}^{\infty} C_n \sin \beta_n y + \dfrac{y}{b} k_B \\[2mm]
\omega_{y=b} = \sum_{m=1,2}^{\infty} D_m \sin \alpha_m x + \dfrac{x}{a} k_A + \dfrac{a-x}{a} k_B
\end{cases} \tag{2-38}
$$

对一边约束岩板实际系统与基本系统应用功的互等定理，有如下关系：

$$
\omega(\xi, \eta) = P\omega_1(x_0, y_0) + \int_0^a M_{y=0}\omega_{1,y=0}\,\mathrm{d}x + \int_0^b V_{1,x=0}\omega_{x=0}\,\mathrm{d}y -
$$
$$
\int_0^b V_{1,x=a}\omega_{x=a}\,\mathrm{d}y - \int_0^a V_{1,y=b}\omega_{y=b}\,\mathrm{d}x - R_A k_A + R_B k_B \tag{2-39}
$$

式（2-38）中含有 A_m、B_n、C_n、D_m、k_A 和 k_B 6 个未知量，对其取 6 个相互独立的边界条件即可求解。取 $a=b$，集中力 P 作用于自由边 $y=b$ 的中点，最大挠度值为 $0.17Pa^2/D$，其发生在 $y=0$ 自由边中点[图 2-24（a）]。最大弯矩 $0.52(-P)$ 发生在固支边中点[图 2-24（b）]。在固支边中点和自由边中点产生最大正应力而首先断裂。

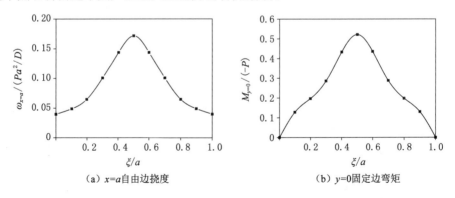

（a）$x=a$ 自由边挠度　　　　　（b）$y=0$ 固定边弯矩

图 2-24　集中载荷 P 作用于 $y=b$ 自由边中点时一边约束岩板边界的挠度和弯矩

2.3　截齿疲劳寿命数值模拟方法研究

2.3.1　疲劳损伤基本理论

很多机械零部件处于重载荷工作环境下,承受的应力、应变相较于普通场合下的零部件明显较大,由于其疲劳的累积会在长期工作过程中失效。零部件上施加的力或者应力称为疲劳载荷,根据工况环境的不同疲劳载荷可分为多种,其主要类型是随时间周期变化的周期性载荷和随机波动的随机载荷。疲劳损伤是一个累积的过程,零部件可承受周期性载荷的次数,称为零部件的疲劳寿命。当载荷导致零部件所受的应力超过材料疲劳极限时,零部件就会产生疲劳损伤。

（1）线性疲劳损伤理论

当零部件受到疲劳载荷加载时,加载次数越多,零部件损伤越严重,损伤情况和加载次数是成正比的。Miner 疲劳理论是普遍认同的损伤理论,疲劳损伤量 $D = n/N$,其中 n 为疲劳载荷加载次数,N 为疲劳寿命。试件在 m' 个方向都存在疲劳载荷的情况下,若在各方向疲劳载荷下的疲劳寿命分别为 N_1、N_2、N_3、N_4、N_5、$\cdots$,在各向疲劳载荷下加载的次数分别为 n_1、n_2、n_3、n_4、n_5、$\cdots$,则可以得出零部件所受疲劳损伤量:

$$D = \sum_{i=1}^{m'} \frac{n_i}{N_i} \tag{2-40}$$

式中　n_i——零部件第 i 个方向疲劳载荷加载次数;

　　　N_i——零部件第 i 个方向疲劳寿命。

当 $D=1$ 时,零部件发生疲劳破坏。

（2）非线性疲劳损伤理论

线性疲劳损伤理论计算过程方便、快捷。但是在实际工况中,零部件受力比较复杂,各向、各次载荷均有相互影响,对于有些疲劳寿命计算精度要求比较高的零部件,线性疲劳损伤理论计算结果往往达不到要求。针对线性疲劳损伤理论的缺点,非线性疲劳损伤理论被应运提出。Corten-Dolan 准则是极常见的非线性疲劳损伤理论之一,该准则综合考虑了各加载载荷之间以及载荷顺序之间的相互影响。该准则认为,零部件疲劳寿命破坏分为三个阶段:加工硬化阶段、微观裂纹阶段和裂纹扩展直至断裂阶段。

n 个循环下等幅载荷所形成的损伤量 D 如式（2-41）所示:

$$D = nmK_{gc}rK_{gd} \tag{2-41}$$

n 个循环下变幅载荷所形成的损伤量 D 如式（2-42）所示:

$$D = \sum_{i=1}^{m} n_i m_i K_{gc} r_i K_{gd} \tag{2-42}$$

式中　m, m_i——裂纹数,第 i 个方向的裂纹数;

　　　r, r_i——应力所致的损伤系数,第 i 个方向应力所致的损伤系数;

　　　K_{gc}、K_{gd}——材料固有性能常数。

2.3.2　截齿疲劳寿命评估方法

根据零部件疲劳破坏形式不同,常用的疲劳寿命评估方法有:名义应力法,主要用于高周疲劳破坏的疲劳寿命计算;应力-应变法,主要用于低周疲劳破坏的疲劳寿命计算;断裂力学法,主要用于有缺陷的零部件疲劳寿命计算。

(1) 名义应力法

名义应力法又称应力寿命分析法,实质是基于 S-N 曲线的疲劳寿命。S-N 曲线指的是零部件的疲劳寿命和施加外力的对应关系。应用此方法计算零部件疲劳寿命的基本思路为:利用理论或者数值模拟方法计算出零部件整体或局部应力值,再利用 Von-Mises 理论求取等效平均应力值。S-N 曲线的数学表达式如式(2-43)所示。

$$N \times S^j = k \tag{2-43}$$

式中　N——疲劳寿命;

$\quad\quad\ S$——应力幅;

$\quad\quad\ j$——S-N 曲线的斜率;

$\quad\quad\ k$——材料本身的参数,是体现其性能的指标。

名义应力法在疲劳寿命预测方面应用较久,很多材料的 S-N 曲线已经被试验获取,基于名义应力法的疲劳寿命分析流程如图 2-25 所示。

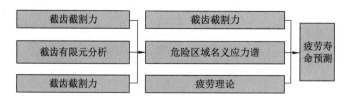

图 2-25　基于名义应力法的疲劳寿命分析流程

(2) 局部应力与应变法

在低周疲劳,也就是应力水平较高时,材料结构变形不再是弹性变形,而是包括了塑性变形,零部件的塑性变形对其疲劳破坏的影响更为明显。在基于应力应变的疲劳寿命预测方法中,Manson-Coffin 理论应用较为广泛,总应变量 η_a 包括弹性应变和塑性应变两部分,塑性应变和疲劳寿命之间存在的关系如式(2-44)所示。

$$\frac{\Delta \eta_{pa}}{2} = \eta'_f (2N)^c \tag{2-44}$$

式中　$\Delta \eta_{pa}$——塑性应变;

$\quad\quad\ \eta'_f$——疲劳系数;

$\quad\quad\ c$——疲劳指数。

$$\eta_a = \eta_{ea} + \eta_{pa} = \eta'_f \frac{2Nb}{E} + \eta'_f (2N)^c \tag{2-45}$$

式中　η_a——总应变量;

$\quad\quad\ \eta_{ea}$——弹性变形量;

$\quad\quad\ E$——弹性模量,系数 b 取 -0.1,系数 c 取 0.6。

对于寿命较长的零部件,其塑性变形量可以忽略不计,总应变量基本等于弹性变形量。即

$$\eta_a = \eta_{pa} = \eta'_f \frac{2Nb}{E} \tag{2-46}$$

对于短寿命的零部件,其弹性变形量可以忽略不计,总应变量基本等于塑性变形量。即

$$\eta_{\mathrm{a}} = \eta_{\mathrm{pa}} = \eta_{\mathrm{f}}'(2N)^c \tag{2-47}$$

2.3.3　截齿疲劳寿命分析有限元模型建立

在 Workbench 的 Import 模块中导入 Solidworks 模块可建立新的三维模型,如图 2-26(a)A 项目卡所示。拖动功能区 Static Structural 功能按钮并覆盖 A 项目卡的 Geometry,可将 B 项目卡的 Geometry 链接至 A 项目卡的 Geometry,操作示意如图 2-26(b)所示。

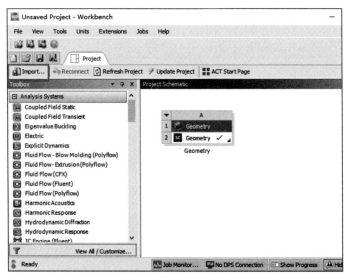

（a）A 项目卡

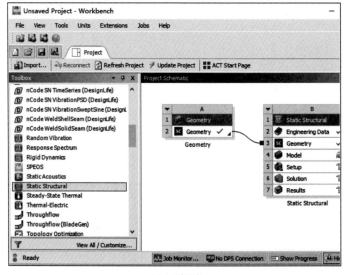

（b）B 项目卡

图 2-26　将 Solidworks 模块导入 Workbench

将截齿合金头材料定义为 42CrMo 钢。Ansys Workbench 不带有此种材料，nCode Designlife 模块包含有丰富的材料库，因此需要在 Workbench 中添加 nCode Designlife 模块，即在 Workbench 中添加 nCode_matml 材料库，选择 Cr-Mo steel SAE4142 截齿合金材料，该参数如图 2-27 所示。

Properties of Outline Row 94: Cr -Mo Steel SAE4142_450_QT

	A	B	C
1	Property	Value	Unit
2	Density	7850	kg m^-3
3	⊟ Isotropic Elasticity		
4	Derive from	Young's Modulus and Poisson's...	
5	Young's Modulus	2.07E+11	Pa
6	Poisson's Ratio	0.3	
7	Bulk Modulus	1.725E+11	Pa
8	Shear Modulus	7.9615E+10	Pa
9	⊞ Strain-Life Parameters		
17	⊟ S-N Curve	Tabular	
18	Interpolation	Log-Log	
19	Scale	1	
20	Offset	0	Pa
21	Tensile Yield Strength	1.584E+09	Pa
22	Tensile Ultimate Strength	1.757E+09	Pa
23	⊞ nCode Multicurve Stress-Life Parameters		
27	⊞ nCode Strain-Life Parameters		
33	nCode MaterialType	20	

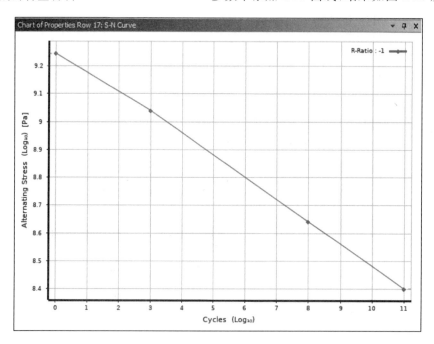

图 2-27　Cr-Mo steel SAE4142 截齿合金材料参数

在截齿合金材料 Cr-Mo steel SAE4142 参数中添加 *S-N* 曲线，结果如图 2-28 所示。

图 2-28　在材料参数中添加 *S-N* 曲线

在截齿破岩过程中，并不是整个截齿都参与岩石破碎，与岩石的接触区域才是受力区域。以截深为 0.006 m 的直线截割为例，距离截齿齿尖 0.006 m 以内的截齿区域为截割受力区域。截齿齿尖附近的截割受力区域需要进行特殊定义，其基本思路是，通过 Prejection 功能借助圆柱体将受力区域从截齿中整体分离出来，其过程示意如图 2-29 所示。

图 2-29　通过 Prejection 功能定义受力区域

　　当对截齿进行网格划分时,在保证数值模拟准确性的基础上,为提高求解速度,减少网格数量,需要对截齿网格进行局部细化。不受截割力的截齿部分的网格划分相对粗略,承受截割力的截齿齿尖区域网格相对细密。即先对整个截齿进行网格划分,单元尺寸为 0.001 m,其划分效果如图 2-30(a)所示。后利用 Refinement 对截齿受力区域(齿尖)网格进行细化,其划分效果如图 2-30(b)所示。

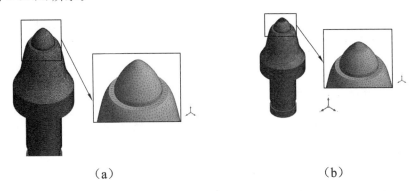

（a）　　　　　　　　　　　　　（b）

图 2-30　对截齿划分网格

　　在模型中对截齿齿身添加固定约束 Fixed,使截齿在全局坐标系的相对位置在截割力作用下能保持不变,该模型示意如图 2-31 所示。对于根据 ANSYS/LS-DYNA 获取的截齿截割力,将其以力分量的形式加载至截齿受力区域。

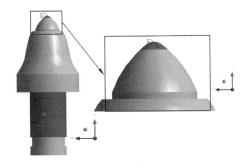

图 2-31　截齿齿身添加约束的模型示意

本书中疲劳寿命可基于等效应力计算获得,所以要对截齿在截割力下的等效应力进行求解,在此基础上求取截齿疲劳寿命。截齿截割岩石需要赋予截割力,将截割力导入疲劳寿命数值模型,截齿截深为 0.006 m 时的疲劳寿命模拟结果如图 2-32 所示。

图 2-32　截齿疲劳寿命数值模拟结果(截齿截深为 0.006 m)

2.4　岩石材料模型可行性验证

2.4.1　岩石 RHT 本构模型

有限元法、边界元法和离散元法都是截齿破岩的有效方法。建模过程中截齿采用的刚体较多,而岩石材料的选择多种多样,这些因素对计算结果具有直接影响。本书数值模拟过程中的岩石材料采用 RHT 本构模型,该模型能够很好地呈现岩石在受力过程中的拉、压、剪损伤和破坏情况。

(1) RHT 硬化模型

RHT 硬化模型如图 2-33 所示。在体积压缩中孔隙压溃压力和孔隙压实压力起着重要作用。材料的孔隙率表示材料孔隙体积与材料实际体积的比值。当压力低于孔隙压溃压力 P_{crush} 时,体积压缩模型所呈现的状态为弹性。当压力大于孔隙压溃压力 P_{crush} 时,孔隙开始发生塌陷,材料空隙压缩表现为塑性。当压力继续增加时,塑性应变 ε_{vol} 增大,材料的孔隙率减小,材料发生塑性变形从而导致加载过程不可逆。当压力达到孔隙压实压力 P_{comp} 时,材料孔隙率为零。由于微观力学效应,材料的体积降低。

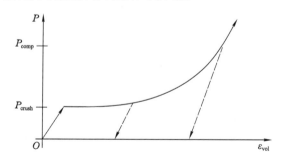

图 2-33　RHT 硬化模型

（2）RHT 强度模型

RHT 强度模型由 3 个应力极限面表示：弹性屈服面、失效面和残余强度面。该模型如图 2-34 所示。失效面是岩石的极限强度，由岩石的抗压、抗拉和抗剪强度等材料参数形成。屈服面与岩石抗压强度、抗拉强度和孔隙率相关。典型的加载场景下岩石的强度如图 2-34 所示，在应力达到弹性屈服面之前，该模型是弹性的，当应力超过弹性屈服面时，岩石会产生塑性应变。卸载后的残余强度面可由弹性屈服面和失效面的插值取得。当应力到达失效面时，参数化的损伤模型使 RHT 强度模型由塑性应变向损伤演化，塑性应变可通过失效面和残余强度面来表示受破坏后的应力极限面，具体数学关系见岩石状态方程。

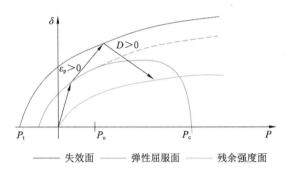

图 2-34 RHT 强度模型

在 RHT 本构模型中，剪切部分和受压部分是耦合的，其中压力用 Mie-Gruneisen 形式描述。针对压实模型，定义孔隙率的历史变量 $\alpha(t)$，该变量初始化条件为 $\alpha_0 > 1$，并随压力的增加而减小，岩石压实后 $\alpha_0 = 1$。$\alpha(t)$ 的具体表现形式如式（2-48）所示。

$$\alpha(t) = \max\left(1, \min\left(\alpha_0, \min_{s \leqslant t}\left(1 + (\alpha_0 - 1)\left[\frac{P_{comp} - P(s)}{P_{comp} - P_{el}}\right]^N\right)\right)\right) \qquad (2\text{-}48)$$

式中 $P(t)$——t 时刻岩石所受的压力；

P_{el}——初始岩石孔隙压碎压力；

P_{comp}——孔隙压实压力；

N——孔隙率指数。

当前孔隙压力可定义为：

$$P_c = P_{comp} - (P_{comp} - P_{el})\left[\frac{\alpha - 1}{\alpha_0 - 1}\right]^{1/N} \qquad (2\text{-}49)$$

压力（状态方程）模型可根据密度和比内能给出，如下式所示。

$$(\rho, e) = \frac{1}{\alpha}\begin{cases} (B_0 + B_1\eta)\alpha\rho e + A_1\eta + A_2\eta^2 + A_3\eta^3 & > 0 \ \eta > 0 \\ B_0\alpha\rho e + T_1\eta + T_2\eta^2 & \eta < 0 \end{cases} \qquad (2\text{-}50)$$

$$\eta = \rho/\rho_0 - 1$$

式中 ρ——岩石密度；

ρ_0——岩石晶粒密度；

e——比内能；

$A_1, A_2, A_3, B_0, B_1, T_1, T_2$——岩石材料参数。

材料引入损伤变量 D_b，其计算公式为：

$$D_b = \sum \frac{\Delta\varepsilon_p}{\varepsilon_{p,\text{failure}}} \qquad (2\text{-}51)$$

式中　ε_p——塑性应变；

　　　$\varepsilon_{p,\text{failure}}$——失效应变。

2.4.2 RHT 本构模型压缩破坏试验验证

为验证有限元模型的准确性和有效性，需要对有限元模型进行校验。建立与试验条件相同的数值模型并对模型进行校验；建立单轴抗压数值模型并与试验结果进行校正。

利用单轴压缩试验台对标准岩心试样进行单轴压缩试验，加载速度为 0.001 m/s，该试验台如图 2-35(a)所示。建立单轴抗压数值模型，在 Solidworks 模块中建立单轴抗压三维模型，将该模型导入 ANSYS 建立单轴抗压数值模型，该数值模型如图 2-35(b)所示。建立 $\phi50$ 和高度为 100 mm 的圆柱模拟岩样，两个 $\phi70$ 和高度为 10 mm 的圆板分别模拟单轴抗压试验台的底座和加载体。将岩样、底座和加载体单元类型定义为 SOLID164，岩体材料主要参数如表 2-1 所示。本数值模型研究的是岩样单轴压缩，所以将底座和加载体定义为刚体。将岩样模型和上下圆板的网格划分成长度为 0.001 mm，6 面 8 节点的 SOLID164 单元；定义岩样与上下圆板间的接触为面面接触。底座下表面添加全约束，对加载体施加向下的运动，速度设置为 0.001 m/s。

（a）单轴压缩试验台　　　　　　　　（b）单轴压缩数值模型

图 2-35　单轴压缩试验台与数值模型

表 2-1　岩体材料主要参数

参数	弹性模量/GPa	密度/(kg/m³)	抗压强度/MPa	抗拉强度/MPa	泊松比
数值	57.2	2 670	120	11.8	0.2

单轴压缩试验结果和数值模拟结果如图 2-36 所示。对比单轴压缩结果,明显可看出在单轴压缩试验结果与数值模拟结果中岩样的裂纹数量和形状基本吻合,一条主裂纹自左上向右下贯穿,与一条自右上斜向左下的裂纹相连。单轴压缩试验与数值模拟应力-应变关系曲线如图 2-37 所示,试验的峰值应力是 120.20 MPa,数值模拟结果峰值应力为 114.31 MPa,误差率为 4.9%,误差率小于 5%,所以可以认为该数值模拟结果是准确的。

（a）单轴压缩试验结果

（b）单轴压缩数值模拟结果

图 2-36　单轴压缩试验结果与数值模拟结果

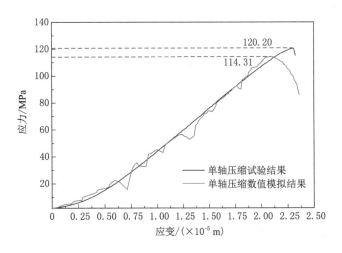

图 2-37　单轴压缩试验与数值模拟应力-应变关系曲线

参考文献

[1] 蔡美峰. 岩石力学与工程[M]. 2 版. 北京:科学出版社,2013.

[2] 黄妤诗. 含填充节理岩体的单轴压缩试验及本构模型研究[D]. 北京:中国地质大学(北京),2013.

[3] 王桂林,张亮,许明,等. 单轴压缩下非贯通节理岩体损伤破坏能量演化机制研究[J]. 岩

土工程学报,2019,41(4):639-647.

[4] 王唯.不共面非贯通节理岩体的扩展贯通研究[D].贵阳:贵州大学,2020.

[5] 任茂昆.关于岩石裂隙连通率的探讨[C]//中国岩石力学与工程学会第三次大会论文集.[S.l.]:中国岩石力学与工程学会,1994:5.

[6] 孟国涛,方丹,李良权,等.含优势断续节理组的工程岩体等效遍布节理模型强度参数研究[J].岩石力学与工程学报,2013,32(10):2115-2121.

[7] 腾俊洋,张宇宁,唐建新,等.单轴压缩下含层理加锚岩石力学特性研究[J].岩土力学,2017,38(7):1974-1982.

[8] 王启广,李炳文,黄嘉兴.采掘机械与支护设备[M].徐州:中国矿业大学出版社,2006.

[9] 黄锋,李天勇,高啸也,等.不同围压下花岗岩破裂机制及形状效应的离散元研究[J].煤炭学报,2019,44(3):924-933.

[10] 李斌.高围压条件下岩石破坏特征及强度准则研究[D].武汉:武汉科技大学,2015.

[11] EVANS I. A theory of the cutting force for point-attack picks[J]. International journal of mining engineering,1984,2(1):63-68.

[12] ROXBOROUGH F F,LIU Z C. Theoretical considerations on pick shape in rock and coal cutting[C]//Proceedings of the Sixth Underground Operator's Conference, Kalgoorlie,WA,Australia,1995:189-193.

[13] GOKTAN R M. A suggested improvement on Evans cutting theory for conical bits [C]//Proceedings of the Fourth International Symposium on Mine Mechanization and Automation,Brisbane,Queensland,1997:57-61.

[14] GOKTAN R M,GUNES N. A semi-empirical approach to cutting force prediction for point-attack picks[J]. Journal of the South African Institute of Mining & Metallurgy,2005,105 (4):257-263.

[15] WANG X,LIANG Y P,WANG Q F,et al. Empirical models for tool forces prediction of drag-typed picks based on principal component regression and ridge regression methods[J]. Tunnelling and underground space technology,2017,62:75-95.

[16] EVANS I. A theory of the cutting force for point-attack picks[J]. International journal of mining engineering,1984,2(1):69-71.

[17] 付宝连.弯曲薄板功的互等新理论[M].北京:科学出版社,2003.

[18] 吴家龙.弹性力学[M].北京:高等教育出版社,2001.

第 3 章　多自由面岩体截割破碎试验

本章采用搭建试验台的方法,研究不同约束条件下板状岩体(以下简称岩板)的破碎特性,并采用与第 2 章相同的本构模型进行数值模拟。将数值模拟结果与试验结果进行对比,验证不同约束条件下岩板数值模拟的正确性,从而提高岩板破碎特性的分析效率,全面提高岩巷掘进效率,为岩板破碎特性的研究提供新的方法,并为金刚石锯片-截齿联合破岩掘进机的设计和应用提供试验依据。

岩板的破碎特性与传统岩石的不同。截齿与岩板相互作用的过程中产生的集中作用力可使岩板产生弹性变形。在岩板的固定边产生弯矩,同时在内部产生拉应力,岩板在拉应力的作用下会发生断裂。截齿的运动参数和岩板的尺寸对岩板破碎结果和截齿截割性能具有很大的影响。据此,本章对截齿和岩板的相互作用开展试验研究及数值模拟并探讨影响截齿破岩性能和岩板破碎的主要因素。

3.1　截齿破碎岩板试验方案设计

3.1.1　岩板破碎试验台研制

为校验截齿截割板状岩体数值模型的准确性,依托山东省矿山机械工程重点实验室,搭建了岩板截割试验台,该试验台如图 3-1 所示。该试验台由液压动力系统、信号采集系统和岩石截割组件等组成。液压动力系统包括泵站、液压动力控制单元和油缸;信号采集系统包括静扭矩传感器、变送器、变送器电源、信号采集装置和计算机;岩石截割组件包括装夹装置、截齿、滑轨。该试验台由液压动力系统提供动力、岩石截割组件完成截齿截割板状岩体试验、信号采集系统实现对截齿截割力信号的提取。先将板状岩体固定在岩石截割组件装夹装置上,信号采集系统通电采集静扭矩传感器的信号,即将截齿截割板状岩体的扭矩信号转换成截齿截割力;而后通过液压动力系统提供动力,从而完成截齿截割板状岩体试验。

信号采集系统原理图如图 3-2 所示。其中直流电源电压为 24 V,变送器电压信号有正有负,变送器电源包括正极和负极,信号采集装置主要是数据采集卡,计算机为便携式。

软件平台可显示数据并完成对数据的分析和处理,数据采集系统显示界面如图 3-3 所示。该平台可显示信号采集系统中 10 个通道的全部输入数据。

液压系统主要用来使岩石固定组件在导轨上滑动,岩石与固定的截齿碰撞达到截割破岩效果,液压系统原理图如图 3-4 所示。本试验过程中,油缸的推进速度为 0.1 m/s。液压系统控制柜如图 3-5 所示,它主要包括电源开关、电源指示灯、油缸前进按钮、油缸后退按钮和急停按钮等组件。

图 3-1 岩板截割试验台

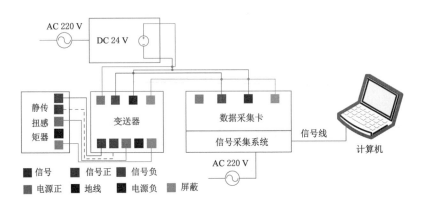

图 3-2 信号采集系统原理图

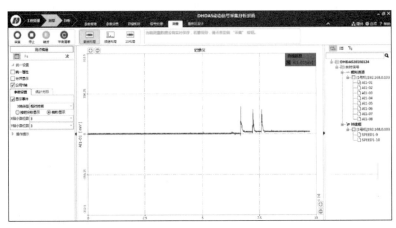

图 3-3 数据采集系统显示界面

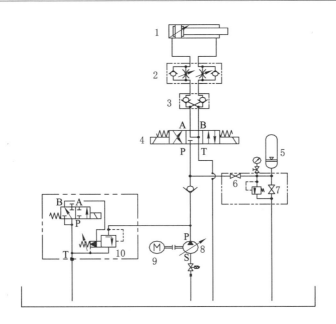

1—推移油缸;2—平衡阀;3—液压锁;4—电磁换向阀;
5—蓄能器;6—常开按钮;7—常闭按钮;8—液压泵;9—电机;10—溢流阀。

图 3-4　液压系统原理图

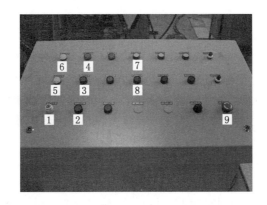

1—电源开关;2—电机停止按钮;3—电机启动按钮;4—电机运行指示灯;5—控制柜指示灯;
6—电源指示灯;7—油缸前进按钮;8—油缸后退按钮;9—急停按钮。

图 3-5　液压系统控制柜

3.1.2　截齿破岩性能单影响因素试验方案设计

通过第 2 章理论分析可知,截齿破岩性能除与岩石本身的性质有关外,与截齿在岩板的作用位置以及岩板固有的宽度、高度和厚度也有很大的关系。所以本书截齿破岩试验主要研究岩板厚度、岩板高度、岩板宽度、截齿截割位置和岩石性质对截齿截割力的影响。在试验过程中,依据岩石由锯片切割形成板状岩体的实际约束工况,将板状岩体采用由锯片切割天然岩石形成的石板替代,并采用三边固定、两邻边固定和一边固定等 3 种方式进行约束。这 3 种约束条件下单因素对截齿破岩性能影响的试验方案如表 3-1 所示。

表 3-1　单因素对截齿破岩性能影响的试验方案

组别	序号	岩石类型	截齿截深/mm	岩板宽度/mm	岩板高度/mm	岩板厚度/mm	岩板力臂/mm
岩石性质	1	花岗岩	20	600	250	20	168
	2	大理石					
	3	砂岩1					
	4	砂岩2					
截齿截深	1	花岗岩	4	600	250	20	168
	2		36				180
	3		45				195
岩板宽度	1	花岗岩	20	500	250	20	168
	2			400			
	3			300			
岩板高度	1	花岗岩	20	600	210	20	168
	2				170		
	3				130		
岩板厚度	1	花岗岩	20	600	250	16	168
	2					26	
	3					36	

　　锯片-截齿联合破岩方案主要针对的是 f 为 8 以上的硬质岩石,选择从石材加工厂直接采购和从巷道开采的方式获得。从巷道获取砂岩 1,从石材加工厂采购的花岗岩、大理石和砂岩 2 作为试验材料。试验过程中涉及岩石性质对岩板破碎特性的影响以及数值模拟,需要对各种岩石的机械性能进行测定。用于测量岩石机械性能的岩心采用与岩板相同的材料。

　　岩板厚度、岩板高度、岩板宽度和截割位置对截割性能影响的试验研究均采用花岗岩。在岩板固定组件所能固定的最大尺寸中,岩板的最大宽度为 600 mm,最大高度为 250 mm,该最大宽度和高度对截割性能的影响需在此范围内变动。由于约束边有 50 mm 的约束宽度,岩板原始尺寸并不等同于固定后的岩板尺寸,固定后的岩板尺寸是原始尺寸与约束宽度的差。为研究岩板宽度对截齿截割性能的影响,选取的岩板宽度分别为 600 mm、500 mm、400 mm 和 300 mm,岩板宽度也称为自由面宽度。为研究岩板高度对截齿截割性能的影响,选取的岩板高度分别为 250 mm、210 mm、170 mm 和 130 mm,岩板高度也称为自由面高度。为研究岩板厚度对截齿截割性能的影响,选取岩板厚度的参数分别为 10 mm、16 mm、20 mm 和 26 mm。试验台截齿可以沿主轴旋转来实现高度的调节,不能左右移动。试验过程中截割位置对截割力的影响,主要是指截割深度对截割力的影响,选取的截割深度分别为 4 mm、20 mm、36 mm 和 45 mm。

3.1.3　岩石力学性质测试

　　取与试验材料相同性质的岩心进行岩石的抗拉和抗压试验,岩石的抗拉和抗压强度对截割性能影响的试验研究具有很大意义。单轴抗压试验岩心尺寸采用国际岩石力学学会推荐的圆柱体尺寸,直径不小于 50 mm。本试验将岩心尺寸设置为直径 50 mm、高度 100 mm、高和底面直径的比值为 2。花岗岩单轴抗压试验试件如图 3-6 所示。

（a）抗压试验前的花岗岩试件　　　　　　（b）抗压试验后的花岗岩试件

图 3-6　花岗岩单轴抗压试验试件

在试验过程中,将应力加载速率限定在 0.5~1.0 MPa/s。花岗岩属于脆性岩石,试验过程中对岩石进行塑封,防止岩石碎屑飞散,该试验仪器如图 3-7(a)所示。本试验采取 3 次试验取平均值的方式处理。3 次花岗岩单轴抗压试验的应力-应变关系曲线如图 3-7(b)所示。计算得到的花岗岩抗压强度为 120.7 MPa。

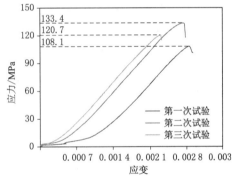

（a）单轴抗压试验仪器　　　　　（b）单轴抗压试验的应力-应变关系曲线

图 3-7　花岗岩单轴抗压试验

岩石抗拉强度采用劈裂试验的方法进行测试,花岗岩单轴抗拉试验如图 3-8 所示,其应力-应变关系曲线如图 3-8(b)所示,试验测得的花岗岩抗拉强度为 12.1 MPa。

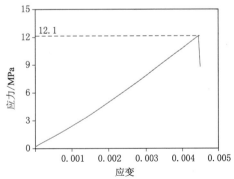

（a）劈裂试验仪器　　　　　（b）单轴抗拉试验的应力-应变关系曲线

图 3-8　花岗岩单轴抗拉试验

其他试件的实验过程不作赘述。试验测得的各岩石试件的抗压强度、抗拉强度、弹性模量和密度等主要力学性质参数如表 3-2 所示。

表 3-2　各岩石试件的力学性质参数

岩石类型	抗压强度/MPa	抗拉强度/MPa	弹性模量/GPa	密度/(kg/m³)
花岗岩	120.7	12.1	45.5	2 732
大理石	43.8	5.3	52.9	2 670
砂岩 1	86.4	7.9	54.5	2 683
砂岩 2	139.1	10.6	58.3	2 716

3.2　三边约束岩板截割破碎试验研究

3.2.1　岩石性质对岩板破碎特性的影响

截割力是评价截齿破碎岩板性能的最重要指标,由第 2 章可知,传统破岩过程中截割力较大。岩石的力学性质对岩板截割过程中的截割力具有很大影响,试验获得不同力学性质下的岩板截割峰值作用力和岩板断裂形态,对截齿和截割头功率的选择具有十分重要的意义。

截割力可由静扭矩传感器测得的电压信号经过计算得到,截割力计算公式如下。

$$截割力 = \frac{电压信号值 \times 扭矩传感器量程}{变送器量程 \times 力臂}$$

文中使用的变送器量程为 2 500 mV,扭矩传感器量程为 3 000 N·m,力臂用 L 表示,电压信号用 U 表示,则截割力计算公式可表示为:

$$F = \frac{U \times 3\ 000}{2\ 500 \times L} = 1.2U/L \tag{3-1}$$

式中　F——截齿截割力大小,单位为 N。

选取 4 种不同性质岩石进行试验,其抗压强度情况为:大理石 43.8 MPa,花岗岩 120.7 MPa,砂岩 1 和砂岩 2 分别为 86.4 MPa 和 139.1 MP。宽度为 500 mm、高度为 200 mm、厚度为 20 mm 的 4 种不同性质岩板,在截齿截割深度为 20 mm 时的截割结果如图 3-9 所示。

由图 3-9 可以看出,与传统破岩过程中岩石以碎屑形式掉落的形式相比,提高了岩石崩落块度和破碎效率。岩板的裂纹形态主要有两种。一种形式是从截齿截割位置附近向外辐射的放射性裂纹,这是由于在岩板受压位置背侧发生变形,产生拉应力,该种裂纹如图 3-9 中白色虚线所示。另一种形式是接近于圆弧形的裂纹,该种裂纹如图 3-9 中白色点划线所示,此种裂纹的起始端一般为自由边和固定边的交界处,其原因是此处产生的较大弯矩使岩板受到拉应力而被拉伸断裂,这与第 2 章中的理论结果一致。两种形式的裂纹相互连接后,部分岩板被截断崩落。

对比图 3-9(a)与图 3-9(b)至图 3-9(d)不难发现,对于抗压强度较小的大理石,其圆弧形裂纹并没有产生在自由边和固定边交界处。这主要是由于软质岩石在截齿作用下的应力区域较小,由自由边和固定边交界处弯矩产生的拉应力小于自由边的某些位置所受的拉应

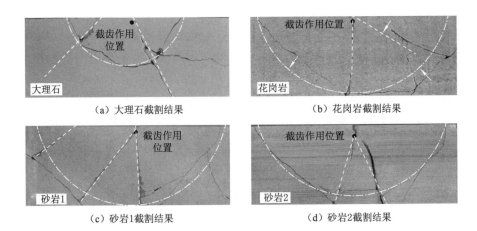

（a）大理石截割结果　　　　　　　　（b）花岗岩截割结果

（c）砂岩1截割结果　　　　　　　　（d）砂岩2截割结果

图 3-9　不同性质岩板的截割结果（截深为 20 mm）

力。同时可以看出，高抗压强度岩板的断裂块度比低抗压强度的尺寸更大。锯片-截齿联合破岩方法针对的主要是 f 为 8 以上的硬岩，引入抗压强度较小岩板的目的是研究不同抗压强度下截割力的变化规律。

厚度为 20 mm、宽度为 500 mm、高度为 200 mm 的 4 种不同性质岩板，当静扭矩传感器采样频率为 10 kHz 时，其截割力经过平滑处理后随时间变化的曲线如图 3-10 所示。平滑处理会对截割力产生一定的影响，使峰值变小，但是所占比重较小，所以变小部分忽略不计。

由图 3-10 可以看出，大理石截割力随截割时间（以下简称时间）总体呈现先增大后减小的趋势，在截割完成后截割力下降为零。整个截割过程中会产生多处波峰，第一个波峰出现在岩板开始产生裂纹时，是整个截割过程中截割力的最大值。第一个波峰后截割力出现下降趋势，由于岩板并未完全断裂掉落，随截齿的运动，在原有裂纹扩展的过程中，岩板其他位置产生新的裂纹，这个过程使截割力具有小幅度上升趋势，此时的截割力小于第一次波峰截割力。当岩板完全断裂后，截割力急剧下降为零，花岗岩和两种砂岩的截割力随时间变化的曲线都符合这一规律。

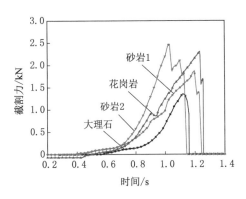

图 3-10　截割力随时间变化的曲线

对于软质大理岩，在达到峰值作用力之后没有再次出现波峰，说明截齿周围的岩板在截齿作用下被一次性截割掉落，该截割结果如图 3-9（a）所示，破碎区域接近于半圆。所以，低抗压强度岩石无论是从断裂形态还是从截割力变化规律上与高抗压强度岩石都存在明显的不同。

对图 3-10 中截割力随时间变化的数据进行统计,得出不同抗压强度岩板的峰值截割力如表 3-3 所示。

表 3-3　不同抗压强度岩板的峰值截割力

岩石	大理石	砂岩 1	花岗岩	砂岩 2
峰值截割力/kN	1.398	1.656	2.120	2.546

由表 3-3 可以看出,大理石的峰值截割力最小(1.398 kN),砂岩 2 的峰值截割力最大(2.546 kN)。峰值截割力随坚固性系数变化的关系曲线如图 3-11 所示,其中纵坐标为峰值截割力,横坐标为岩石的坚固性系数。由试验数值的曲线趋势可以看出,峰值截割力随坚固性系数的增大而增大。通过该拟合公式可以看出,峰值截割力与坚固性系数之间呈现指数正相关的关系。

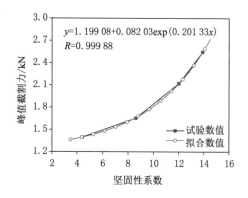

图 3-11　峰值截割力随坚固性系数变化的曲线

由图 3-11 中拟合公式的相关系数 R 值(0.999 88)可以看出,峰值截割力和坚固性系数之间的指数相关性较好。本书中所有数值拟合的置信水平均为 0.95,这就要求统计中显著水平必须小于 0.05,得出的结果才是可信且具有显著性差异的,当显著水平小于 0.01 时,拟合结果是极显著的。在上述拟合公式中,显著水平为 0.000 23,小于 0.01,说明拟合结果是可信并且是极显著的。

3.2.2　岩板厚度对岩板破碎特性的影响

由前文研究可知,岩板破碎形式为块状断裂,其厚度显然是截割力的主要影响因素之一。岩板所受弯矩与抗弯强度有关,也就与岩板厚度有关。在工程应用中,锯片切缝之间的距离形成了岩板厚度。研究岩板厚度对截割力的影响,对锯片切缝之间距离的确定具有很大的指导意义。为研究不同岩板厚度对截割力的影响,本书选取 16 mm、20 mm、26 mm 和 30 mm 四种厚度岩板进行试验,并研究峰值截割力随岩板厚度增加时的变化规律。

花岗岩在厚度为 16 mm 和 26 mm 时的截割结果如图 3-12 所示,通过与图 3-9(b)对比不难发现,花岗岩岩板在厚度为 16 mm 和 20 mm 时的截割结果基本相同。但是在岩板厚度为 26 mm 时,其圆弧形裂纹的其中一个起始端不在自由边与固定边的交界处,这说明随岩板厚度的增加,岩板被截割掉落部分的比例变小。厚度的增加导致岩板抗弯强度的增加,对岩石的破碎效果具有很大影响。不同厚度时的岩板断裂裂纹形状差异并不明显,均遵循截齿周边裂纹向外辐射,其余裂纹接近圆弧形的断裂规则。

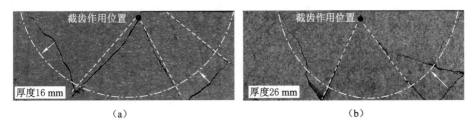

图 3-12　不同厚度下岩板的截割结果

不同岩板厚度条件下截割力随时间变化的曲线如图 3-13 所示。从图 3-13 中可以看出,厚度为 30 mm 时的峰值截割力最大,为 5.052 kN。厚度为 16 mm 时的峰值截割力最小,为 1.597 kN。不同截割厚度下截齿峰值作用力如表 3-4 所示。

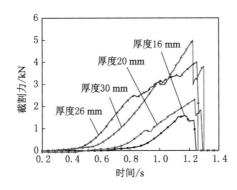

图 3-13　截割力随时间变化的曲线

表 3-4　不同厚度岩板的峰值截割力

岩板厚度/mm	16	20	26	30
峰值截割力/kN	1.597	2.120	4.047	5.052

花岗岩截割过程中峰值截割力随岩板厚度变化的曲线如图 3-14 所示。由图 3-14 可以看出,峰值截割力随岩板厚度的增加明显增大,厚度的增加使岩石抗弯强度增加,达到岩石破坏所需要的截割力增大。由图 3-14 所示的拟合曲线和公式可知,峰值截割力与岩板厚度之间存在指数关系,其指数相关系数 R 为 0.995 74,这说明指数相关性很好,其拟合 P 值为 0.026,小于 0.05,所以峰值截割力和岩板厚度之间的指数相关性是显著的。

3.2.3　岩板宽度对岩板破碎特性的影响

岩板宽度对三边约束岩板的弯矩分布具有很大影响。从理论上分析,岩板宽度越小,则在岩板上达到同样的弯矩需要的截割力越大,破碎岩板需要的截割力越大。为研究岩板宽

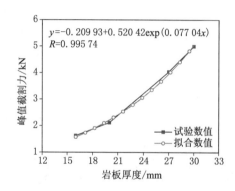

$$y=-0.209\,93+0.520\,42\exp(0.077\,04x)$$
$$R=0.995\,74$$

图 3-14   峰值截割力随岩板厚度变化的曲线

度对截齿破岩的影响,本书对 500 mm、400 mm、300 mm 和 200 mm 四种不同的岩板宽度进行试验研究。岩石采用花岗岩,岩板高度为 200 mm,厚度 20 mm,截深为 20 mm。

不同宽度岩板的截割结果如图 3-15 所示。由图 3-15 可以看出,在岩板宽度变化时,岩板断裂形态变化不大,与图 3-15(b)中的相同。需要指出的是,宽度为 200 mm、高度为 200 mm 的岩板由于岩板高度太大并不能由金刚石锯片切割获得,这样的设置主要为了研究宽度对截割力的影响,可以为增加岩石自由面来降低破岩截割力的方案提供参考。

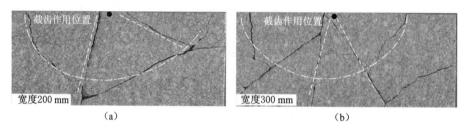

(a)   (b)

图 3-15   不同宽度岩板的截割结果

截割力随时间变化的曲线如图 3-16 所示。由图 3-16 可以看出,在岩板宽度变化过程中,最大峰值截割力变化不大,但宽度为 200 mm 时其最大峰值截割力最大。通过宽度为 200 mm 的截割力曲线可以看出,在截割力达到最大值后直接降为零,说明岩板的各个位置在同一时间点断裂,不会出现先断裂一部分再断裂另一部分的截割过程。

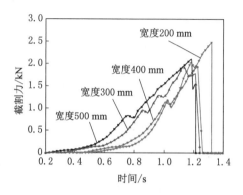

图 3-16   截割力随时间变化的曲线

不同宽度岩板的峰值截割力如表 3-5 所示,在岩板宽度为 200 mm 时峰值截割力最大(2.553 kN),在岩板宽度为 500 mm 时峰值截割力最小(2.120 kN)。

表 3-5　不同宽度岩板的峰值截割力

岩板宽度/mm	200	300	400	500
峰值截割力/kN	2.553	2.184	2.135	2.120

峰值截割力随岩板宽度变化的曲线如图 3-17 所示。由图 3-17 可以看出,峰值截割力随岩板宽度的增大而减小,在岩板宽度为 400 mm 和 500 mm 时,截割力虽有下降的趋势,但是数值变化很小。通过图 3-17 中的拟合公式可以看出,峰值截割力和岩板宽度之间呈现指数关系,峰值截割力随岩板宽度的增加呈现指数降低趋势,当降到一定数值以后开始保持稳定。其相关系数 R 为 0.995 01,说明其指数相关性很好。拟合 P 值为 0.005 56,小于0.05(同时小于 0.01),说明拟合结果具有很高的可信度并且是极显著的。

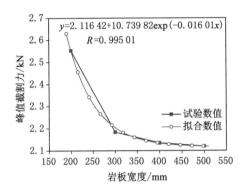

图 3-17　峰值截割力随岩板宽度变化的曲线

3.2.4　岩板高度对岩板破碎特性的影响

岩板高度对截齿破岩的影响与其宽度对截齿破岩的影响类似,由于截齿作用位置与边缘距离的变化,同样大小的截割力对边缘的弯矩不同。由理论分析可知,宽度越大,对固定边的弯矩越大,岩石破碎需要的截割力越小;宽度越小,对固定边的弯矩越小,岩板破碎需要的截割力越大。本书对岩板高度分别为 200 mm、160 mm、120 mm 和 80 mm 的 4 种岩板进行截割试验。岩石采用花岗岩,岩板宽度为 500 mm,厚度为 20 mm,截齿截深为 20 mm。

不同高度岩板的截割结果如图 3-18 所示。在 160 mm 岩板高度下的截割结果与图 3-9(b)相同。当高度降到 80 mm 时,左半部岩板保持完整,没有产生裂缝,说明岩板高度对截割结果有很大影响;其右半部产生的圆弧形裂纹起始位置不在自由边与固定边的交界处,这是由于高度较小,岩板在下端固定边中间产生最大弯矩,在截齿作用位置和下端固定边中点的连线位置附近产生主裂纹,岩板开始断裂。该主裂纹形成后岩板的断裂符合两邻边约束岩板的断裂特征,在下一章中会重点研究。

不同岩板高度下截割力随时间变化的曲线如图 3-19 所示。由图 3-19 可以看出,高度为 80 mm 时截割力达到最大值后没有再出现波动,这与岩板宽度为 200 mm 时截割力的变化规律相同,从而说明当高度或者宽度较小时,岩板容易一次性整体破裂。

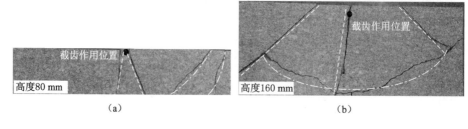

（a）   （b）

图 3-18　不同高度岩板的截割结果

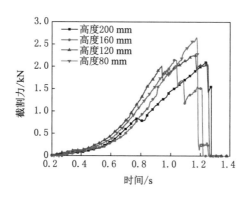

图 3-19　截割力随时间变化的曲线

不同高度岩板的峰值截割力如表 3-6 所示,最大峰值截割力出现在高度为 80 mm 时,大小为 2.663 kN,最小峰值截割力出现在高度为 200 mm 时,大小为 2.120 kN。

表 3-6　不同高度岩板的峰值截割力

岩板高度/mm	80	120	160	200
峰值截割力/kN	2.663	2.403	2.166	2.120

峰值截割力随岩板高度变化的曲线如图 3-20 所示。由图 3-20 可以看出,峰值截割力随岩板高度增加逐渐变小,但是在 160 mm 和 200 mm 时数值差别较小,几乎相同。图 3-20 给出了岩板高度和峰值截割力之间的拟合曲线及公式,结果表明两者之间存在指数关系,拟合相关系数 R 反映了两者相关性较好。由两者的指数关系以及表 3-6 可以得出,峰值截割力随岩板高度的增加而降低,之后随岩板高度的增加几乎保持不变。拟合中 P 值为 0.021 16,小于 0.05,说明拟合结果是可信的。

3.2.5　截齿截深对岩板破碎特性的影响

截齿在岩板上的不同截割位置,对岩板自由边的挠度值和固定边的弯矩值都有很大影响。不同截割位置,岩板断裂所需要的截割力不相同。定义截齿截割位置与自由边的距离为截深,对于含有锯缝的岩石,第一次截割时截深较浅。当部分岩板断裂以后,截齿的截深会逐渐增加。为研究截齿截深对峰值截割力的影响,选取 4 mm、20 mm、36 mm 和 45 mm 4 种不同截深进行试验研究。

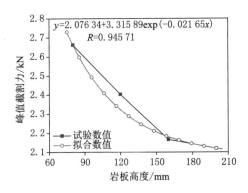

图 3-20　峰值截割力随岩板高度变化的曲线

　　截齿截深为 36 mm 和 45 mm 时的截割结果如图 3-21 所示。将图 3-21 与图 3-9(b)对比可以看出,在截深为 36 mm 和 45 mm 时只有一半岩板产生了断裂,另外一半比较完整,在截深为 20 mm 时为整体断裂。即当截深较大时岩板的断裂形态发生了变化,这是因为在大截深的情况下,岩板受到的截割力较大,岩板的次生构造在截割力的作用下发生破坏从而断裂。断裂后的岩石薄板,其右侧固定约束被删除,形成了两邻边约束的岩板。在后文的试验研究中,需要对这种情况进行研究,这是岩板被截割后常见的约束形态,在下次截齿截割时其截割力和破碎结果与三边约束岩板的会有很大不同。

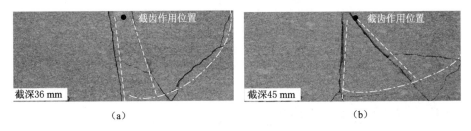

（a）　　　　　　　　　　　　　　　　（b）

图 3-21　不同厚度岩板的截割结果

　　不同截深下截割力随时间变化的曲线如图 3-22 所示。从图 3-22 中可以看出,截深越大,峰值截割力越大;截深越小,峰值截割力越小。

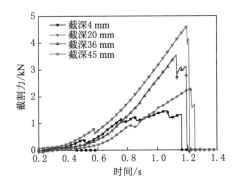

图 3-22　截割力随时间变化的曲线

不同截深岩板的峰值截割力如表 3-7 所示。当截深为 45 mm 时,岩板峰值截割力为 4.614 kN;当截深为 4 mm 时,岩板峰值截割力为 1.514 kN。峰值截割力随截深变化的曲线如图 3-23 所示,截割力随截深的增加明显增大,图 3-23 中给出了截深与峰值截割力之间的拟合公式,峰值截割力与截深之间呈指数关系,其拟合相关系数 R 为 0.997 62,说明拟合相关性较好。拟合中统计量 P 值为 0.018 51,小于 0.05,说明拟合结果是可信并且显著的。从破碎效果和截割力来看,在截齿破岩过程中,截割深度越小越好,可以在较小截割力作用下获得更好的破碎效果。

表 3-7   不同截深岩板的峰值截割力

截深/mm	4	20	36	45
峰值截割力/kN	1.514	2.120	3.517	4.614

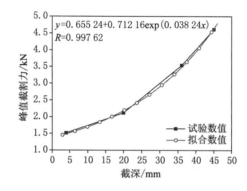

图 3-23   峰值截割力随截深变化的曲线

3.3   两邻边约束岩板截割破碎试验研究

本章节试验研究仍然从岩石性质、岩板厚度、截齿截深、岩板宽度和岩板高度五个方面展开,分析岩板破碎形态以及不同的截割参数对截割力的影响(截割力随各截割参数的变化规律)。

3.3.1   岩石性质对岩板破碎特性的影响

两邻边约束岩板试验采用的岩石材料与前文相同,试验过程中对岩板的两邻边进行固定。其高度为 200 mm、宽度为 500 mm、厚度为 20 mm、截齿截深为 20 mm 的四种岩石材料岩板截割结果(两邻边约束)如图 3-24 所示。

由图 3-24 可以看出,其截割结果和三边约束岩板截割结果区别很大。不同性质的岩板均沿下侧的固定边界产生断裂,断裂位置扩展至右侧自由边界与下侧自由边界的交界处。这是因为右侧边界在没有约束时,其最大弯矩出现在自由边与固定边的交界处。对于抗压强度最小的大理石,其断裂形成的碎块最多,对于抗压强度最大的砂岩2,其形成的岩石碎块最大。由此可以得出,岩石抗压强度越大,破碎形成的岩块越大。

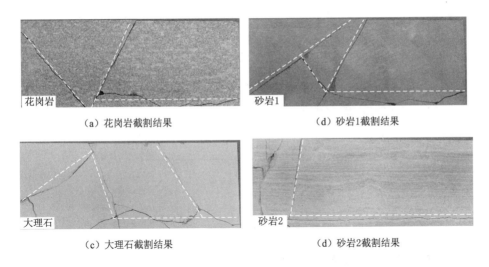

（a）花岗岩截割结果　　　　（d）砂岩1截割结果

（c）大理石截割结果　　　　（d）砂岩2截割结果

图 3-24　不同性质岩板的截割结果

　　不同岩石截割力随时间变化的曲线如图 3-25 所示，其峰值截割力如表 3-8 所示。由此可以看出，大理石峰值截割力最小，为 0.596 kN；砂岩 2 峰值截割力最大，为 1.975 kN。峰值截割力随普氏系数变化的曲线如图 3-26 所示，从中可以看出峰值作用力随普氏系数的增加显著增大。

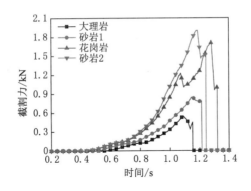

图 3-25　截割力随时间变化的曲线

表 3-8　不同抗压强度岩板的峰值截割力

岩石	大理石	砂岩 1	花岗岩	砂岩 2
峰值截割力/kN	0.596	1.004	1.726	1.975

　　坚固性系数与峰值截割力之间的拟合关系如图 3-26 所示，由其拟合公式可以看出，两者之间存在明显的线性关系，即峰值截割力随坚固性系数呈线性增加趋势，其线性相关系数为 0.986 69，说明线性相关性强。其统计量 P 值为 0.009，小于 0.01，说明线性关系显著。而三边约束岩板峰值截割力与坚固性系数之间存在指数关系，所以三边约束与两邻边约束条件下这两者之间的相关关系类型是不相同的。

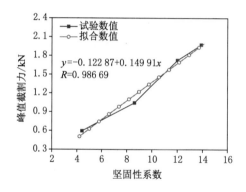

图 3-26　峰值截割力随坚固性系数变化的曲线

3.3.2　岩板厚度对岩板破碎特性的影响

岩板厚度是影响截割力的重要因素,由三边约束岩板的破碎试验可知,岩板厚度对峰值截割力的影响非常明显。宽度为 500 mm、高度为 200 mm 的花岗岩分别在 16 mm、20 mm、26 mm 和 30 mm 厚度时截割力随时间变化的曲线如图 3-27 所示。不同厚度岩板的峰值截割力如表 3-9 所示,在厚度为 30 mm 时的峰值截割力为 4.446 kN,明显大于厚度为 16 mm 时的 1.126 kN。厚度相差 14 mm,截割力相差 3.32 kN,说明对于两邻边约束岩板,厚度对截割力的影响仍然非常显著。

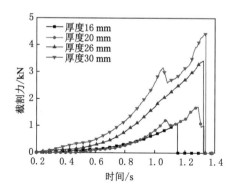

图 3-27　截割力随时间变化的曲线

表 3-9　不同厚度岩板的峰值截割力

岩板厚度/mm	16	20	26	30
峰值截割力/kN	1.126	1.726	3.467	4.446

峰值截割力随岩板厚度变化的曲线如图 3-28 所示,峰值截割力随岩板厚度的增加明显增大。同时图 3-28 给出了岩板厚度与峰值截割力之间的拟合曲线,两者之间存在指数正相关关系,岩板厚度越大,峰值截割力越大。其指数相关系数为 0.999 5,说明指数相关性较好,统计量 P 为 0.01(小于 0.05),说明拟合结果可靠,两者之间关系与三边约束岩板中两者关系相同。

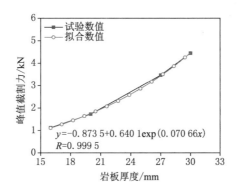

图 3-28　峰值截割力随岩板厚度变化的曲线

3.3.3　岩板宽度对岩板破碎特性的影响

厚度为 20 mm 的花岗岩岩板,在宽度为 300 mm 和 400 mm 时的截割结果如图 3-29 所示。宽度为 300 mm 的断裂形式仍然是沿下侧固定边界产生一条接近于直线的裂缝,在靠近左侧固定边界的地方随机产生裂缝。由图 3-29 可以看出,其截割结果与宽度为 400 mm 时的截割结果基本相同,说明岩板宽度对截割破碎效果的影响不大。

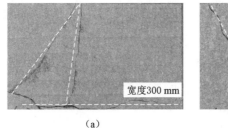
（a）

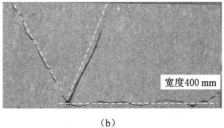
（b）

图 3-29　不同宽度岩板的截割结果

不同岩板宽度的峰值截割力如表 3-10 所示。由表 3-10 可以看出,峰值截割力随岩板宽度的增大而减小,降低到宽度为 300 mm 时峰值截割力开始稳定,几乎不再随岩板宽度的变化而变化。

表 3-10　不同宽度岩板的峰值截割力

岩板宽度/mm	200	300	400	500
峰值截割力/kN	2.001	1.764	1.712	1.726

岩板宽度在 200 mm 时的峰值截割力为 2.001 kN,在 500 mm 时其峰值截割力为 1.726 kN,说明虽然截割力有降低趋势,但是降低幅度较小,宽度对截割力的影响程度相比岩板厚度、截齿截深对截割力的影响较小。

峰值截割力随岩板宽度变化的曲线如图 3-30 所示,两者之间存在指数负相关关系。当岩板宽度增大到 400 mm 时,峰值截割力保持稳定,其相关系数 R 为 0.994 22,相关性较好,

P 值为 0.005(小于 0.01),说明拟合结果是极显著和可靠的。两邻边约束的岩板,其峰值截割力与岩板宽度的关系与三边约束岩板的相同,均是指数负相关关系,但是降低幅度比三边约束岩板的小。

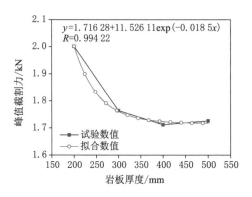

图 3-30 峰值截割力随岩板宽度变化的曲线

3.3.4 岩板高度对岩板破碎特性的影响

花岗岩在高度为 80 mm 和 120 mm 时的截割结果如图 3-31 所示。从图 3-31 中可以看出,在高度为 80 mm 时,其截割结果与图 3-24(a)的截割结果差别很大。高度为 80 mm 时,其断裂区域较小,主要集中在截齿附近区域。断裂位置并没有扩展至岩板左右两侧,说明在宽度和高度的比例较大时,岩板只有部分区域产生断裂,这和三边约束岩板的截割结果相似。当高度为 120 mm 时,岩板右侧区域断裂,随着宽度和高度比例的减小,断裂区域扩大。

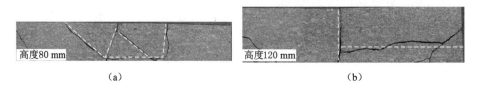

(a)   (b)

图 3-31 不同高度岩板的截割结果

不同高度岩板的峰值截割力如表 3-11 所示,截割力随时间变化的曲线如图 3-32 所示,在高度为80 mm 时峰值截割力明显较大,主要是因为在固定截深时,较小的高度使截齿距离下固定边界的距离较短,在边界处达到同样大小的弯矩时岩板断裂需要更大的截割力。

表 3-11 不同高度岩板的峰值截割力

岩板高度/mm	80	120	160	200
峰值截割力/kN	2.559	1.802	1.836	1.726

截割力随岩板高度变化的曲线(含两者间的拟合关系)如图 3-33 所示。在高度为 80 mm 时峰值截割力明显大于其他三种高度的峰值截割力。高度为 120 mm 至 200 mm 时,峰值截割力整体有下降趋势,但是力的变化幅度较小。由此表明,峰值截割力随岩板高度的增加而减小,当高度增大到一定数值时基本保持稳定,这与岩板左侧的固定约束有很大关系。

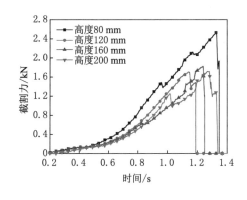

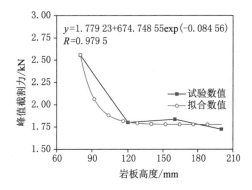

图 3-32　截割力随时间变化的曲线　　　　图 3-33　峰值截割力随岩板高度变化的曲线

由图 3-33 中拟合结果可知,峰值截割力与岩板高度之间存在负指数关系。在岩板高度较小时,截割力随岩板高度变化的幅度较大;在岩板高度较大时,截割力随岩板高度变化的幅度较小,基本保持稳定。所以在岩板高度较大时降低截割力更有利。两者指数拟合相关系数 R 为 0.979 5,说明指数相关性较好;统计 P 值为 0.02(小于 0.05),说明拟合结果可靠。

3.3.5　截齿截深对岩板破碎特性的影响

两邻边约束岩板在不同截深岩板的截割结果如图 3-34 所示,均在固定边界附近产生了断裂。图 3-34(a)花岗岩在截深为 4 mm 时与图 3-34(a)花岗岩在截深为 20 mm 时相似,均产生整体破碎。当截深增加到 36 mm 时,一半岩板发生了断裂,另一半完好,这是在不同截深下弯矩分布不同导致的。

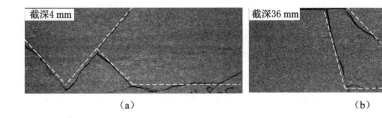

　　（a）　　　　　　　　　　　　　　　　　　　（b）

图 3-34　不同截深岩板的截割结果

不同截深岩板的峰值截割力如表 3-12 所示,从中可以看出峰值截割力随截深的增加逐渐增大,在 4 mm 截深时得到最小峰值截割力(为 1.853 kN),在 45 mm 截深时得到最大峰值截割力(为 4.314 kN)。

表 3-12　不同截深岩板的峰值截割力

截割深度/mm	4	20	36	45
峰值截割力/kN	1.653	1.726	2.991	3.96

厚度为 20 mm 的花岗岩,在不同截深下的截割力随时间变化的曲线如图 3-35 所示。由图 3-35 可以看出,当截深增加时截割力在上升过程中产生波动。这主要是因为截深较大时岩板多次断裂,截齿齿尖使部分岩板断裂后,岩板断裂并不完全,截齿齿身与岩板接触时峰值作用力达到最大。

两邻边约束的花岗岩岩板在不同截深下的峰值截割力随截深的变化曲线(含两者间的拟合公式)如图 3-36 所示。峰值截割力与截深之间呈指数正相关的关系,随截深的增加而增大,相关系数 R 为 0.974 82,指数相关性较好,统计 P 值为 0.039(小于 0.05),说明拟合结果显著。

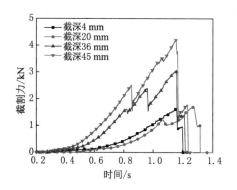

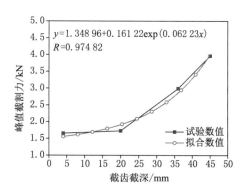

图 3-35　截割力随时间变化的曲线　　　　　图 3-36　峰值截割力随截齿截深变化的曲线

3.4　一边约束岩板截割破碎试验研究

3.4.1　岩石性质对岩板破碎特性的影响

一边约束砂岩 1 和花岗岩岩板截割结果如图 3-37 所示。从图 3-37 中可以看出,岩板断裂的完整性较好。砂岩 1 在截齿作用下基本呈现整体断裂,如图 3-37(a)所示,岩板在底部固定边界发生断裂,断裂部分占整个岩板的比例较大,未被截割断裂的岩板仍然为一边约束岩板。如图 3-37(b)所示,花岗岩整体断裂为大小基本相等的两部分,也是在底部固定边界发生断裂,这是由于岩板在没有两侧固定边界的约束时,截齿对岩板的作用力使岩板在固定边产生较大弯矩和内力,岩板更容易从底部断裂。对比三种约束条件的岩板破碎特性,一边约束岩板的截割块度最大。

四种岩石截割力随时间变化的曲线如图 3-38 所示。由图 3-38 可以看出,抗压强度最大的砂岩 2 峰值截割力最大,抗压强度最小的大理石峰值截割力最小。根据其达到峰值截割力后的截割力迅速下降为零的变化特点可以得出,一边约束岩板断裂比前两种约束方式下的岩板断得更为干脆,在峰值截割力后不再存在截割力的波动,且迅速下降为零。

岩板峰值截割力随普氏系数(含两者之间的拟合曲线)如图 3-39 所示。不同抗压强度岩石的峰值截割力如表 3-13 所示。大理石对应的峰值截割力较小,数值为 0.286 kN,砂岩 1 对应的峰值截割力为 0.549 kN,花岗岩对应的峰值截割力为 0.889 kN,砂岩 2 对应的峰值截

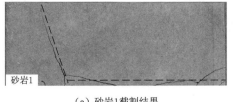

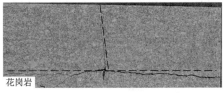

（a）砂岩1截割结果　　　　　　　　　（b）花岗岩截割结果

图 3-37　不同性质岩板的截割结果

割力为 1.135 kN。由图 3-39 的拟合曲线可以看出，峰值截割力随坚固性系数的增加而增加，两者之间呈线性正相关关系。线性相关系数 R 为 0.982 00，说明峰值作用力和坚固性系数之间的线性相关系较好；其 P 值为 0.01，说明拟合结果显著可靠。这项结果与两邻边约束岩板计算结果相同，与三边约束岩板的不同，三边约束岩板时两者之间为指数正相关关系。

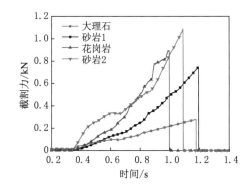

图 3-38　截割力随时间变化的曲线　　　图 3-39　峰值截割力随坚固性系数变化的曲线

表 3-13　不同抗压强度岩板的峰值截割力

岩石	大理石	砂岩 1	花岗岩	砂岩 2
峰值截割力/kN	0.286	0.549	0.889	1.135

3.4.2　岩板厚度对岩板破碎特性的影响

不同岩板厚度下截割力随时间变化的曲线如图 3-40 所示。其峰值截割力如表 3-14 所示。在岩板厚度为 30 mm 时峰值截割力最大，为 2.786 kN；在岩板厚度为 26 mm 时其峰值截割力为2.175 kN；在岩板厚度为 16 mm 时峰值截割力为 0.508 kN，这表明峰值截割力随厚度的降低而大幅度降低。

峰值截割力随岩板厚度变化的曲线（含两者之间的拟合曲线）如图 3-41 所示，峰值截割力随岩板厚度的增加而增大。厚度为 16 mm 的岩板和厚度为 20 mm 的岩板截割力相差0.381 kN，而厚度为 26 mm 的岩板和厚度为 30 mm 的岩板截割力相差 0.611 kN。这表明厚度越大，截割力变化幅度越大。由两者拟合公式可知，峰值截割力和岩板厚度之间存在指数正相关关系,拟合相关系数 R 为 0.996 62,统计量 P 值为 0.03,说明拟合结果可靠。两者之间关系与三边约束及两邻边约束岩板结果中两者的关系相同。

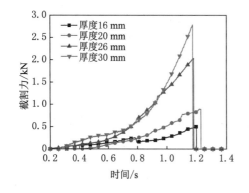

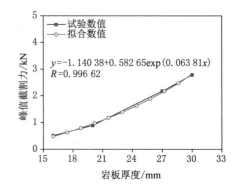

图 3-40 截割力随时间的变化

图 3-41 峰值截割力随岩板厚度变化的曲线

表 3-14 不同厚度岩板的峰值截割力

岩板厚度/mm	16	20	26	30
峰值截割力/kN	0.508	0.889	2.175	2.786

3.4.3 岩板宽度对岩板破碎特性的影响

高度为 200 mm、厚度为 20 mm 的岩板在宽 200 mm 和宽 300 mm 时的截割结果如图 3-42 所示。在宽度为 200 mm 时岩板断裂为两部分,在宽度为 300 mm 时岩板整体断裂。

通过对比发现,图 3-42 中不同截深下的花岗岩沿固定边界整体断裂。由此可以得出,对于单边固定岩板,当高度为 200 mm、岩板宽度不同时,最可能产生的断裂形式为沿固定边断裂为两部分或者沿固定边整体断裂为一部分。

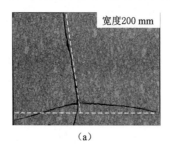

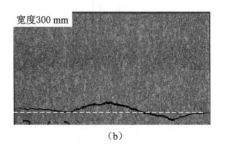

（a）

（b）

图 3-42 不同宽度岩板的截割结果

峰值截割力(不同宽度岩板)如表 3-15 所示,岩板宽度为 200 mm 时峰值截割力为 0.604 kN,300 mm 时的为 0.857 kN。宽度为 200 mm 时峰值截割力明显比其他三种宽度时要小。在宽度为 300 mm、400 mm 和 500 mm 时峰值截割力相差不大。截割力随时间变化的曲线如图 3-43 所示。

表 3-15　不同宽度岩板的峰值截割力

岩板宽度/mm	200	300	400	500
峰值截割力/kN	0.604	0.857	0.908	0.889

峰值截割力随岩板宽度变化的曲线(含两者之间的拟合公式)如图 3-44 所示。峰值截割力随岩板宽度的增加先增加后趋于稳定,在峰值截割力增加的区域,其上升幅度并不大,为 0.253 kN,说明在 200 mm 至 500 mm 宽度范围内,岩板宽度对截割力的影响具有的一定规律,但是影响程度并不大。峰值截割力与岩板宽度之间存在指数正相关关系,相关系数为 0.992 7,统计量 P 值为 0.01。其与三边约束岩板、两邻边约束岩板中两者之间的关系不同,后两者均为指数负相关的关系。

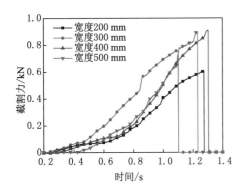

图 3-43　截割力随时间变化的曲线

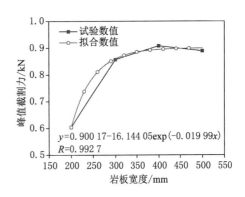

图 3-44　峰值截割力随岩板宽度变化的曲线

3.4.4　岩板高度对岩板破碎特性的影响

宽度为 500 mm、厚度为 20 mm 的岩板在高度分别为 120 mm 和 160 mm 时的截割结果如图 3-45 所示,与岩板高度为 200 mm 的截割结果明显不同。在岩板高度较小时,岩板破碎形成的块数更多,其断裂位置和结果与两邻边约束岩板的相似,即在岩板截割位置的一侧沿下固定边界断裂,另一侧断裂程度较小。部分岩板未能断裂,高度较小的岩板完全破裂需要进行多次截割,所以一边约束岩板在岩板高度较大时更有利于提高截割效率。

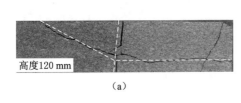
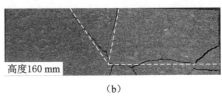

（a）　　　　　　　　　　　　　（b）

图 3-45　不同高度岩板的截割结果

不同高度岩板的峰值截割力如表 3-16 所示。不同岩板高度下截割力随时间变化的曲线如图 3-46 所示。峰值截割力随岩板高度变化的曲线(含两者之间的拟合关系)如图 3-47 所示。由此可以看出峰值截割力随岩板高度的增大而减小,在岩板高度为 80 mm 时峰值截割力最大(为 2.953 kN);在高度为 200 mm 时峰值截割力最小(为 0.889 kN)。

表 3-16 不同高度岩板的峰值截割力

岩板高度/mm	80	120	160	200
峰值截割力/kN	2.953	2.269	1.075	0.889

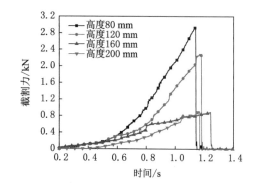

图 3-46 截割力随时间变化的曲线

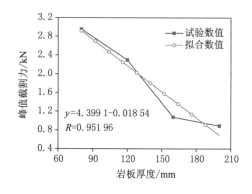

图 3-47 峰值截割力随岩板高度变化的曲线

峰值截割力与岩板高度之间呈线性负相关关系,线性相关系数为 0.951 96,说明线性相关性较好。其与两邻边约束、三边约束岩板中两者之间的关系不同,后两种条件均为指数负相关关系。

3.4.5 截齿截深对岩板破碎特性的影响

宽度为 500 mm、厚度为 20 mm、高度为 200 mm 的花岗岩岩板在不同截深下的截割结果如图 3-48 所示。从图 3-48 中可以看出,在截深分别为 4 mm、36 mm 时的截割结果相同,均为沿下固定边界断裂,这说明截割深度对于一边约束岩板的破碎形态影响不大。

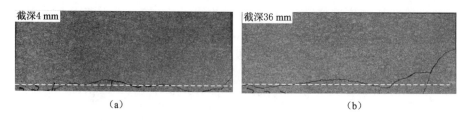

图 3-48 不同截深岩板的截割结果

不同截深下截割力随时间变化的曲线如图 3-49 所示。在截深为 4 mm 时峰值截割力最小(为 0.565 kN);在截深为 45 mm 时截割力最大(为 1.578 kN)。峰值截割力随截深变化的曲线如图 3-50 所示,从试验数值连接曲线可以看出,峰值截割力随截深的增加而增大,两者之间呈线性正相关关系,线性相关系数 R 为 0.976 50,统计量 P 值为 0.2,表明线性相关性较好。两者之间的关系与三边约束岩板、两邻边约束岩板中两者之间呈指数正相关的关系不同。不同截深岩板的峰值截割力如表 3-17 所示。

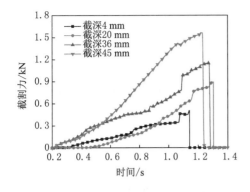

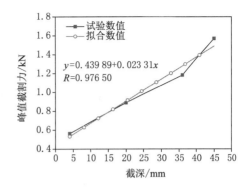

图 3-49　截割力随时间变化的曲线　　　　图 3-50　峰值截割力随截深变化的曲线

表 3-17　不同截深岩板的峰值截割力

截割深度/mm	4	20	36	45
峰值截割力/kN	0.565	0.889	1.183	1.578

第4章 多自由面岩体截割破碎数值模拟

数值模拟是从微观角度对截齿与岩石相互作用过程进行研究的有效方法。在截齿破岩过程中,可以利用数值模拟方法对岩石在拉力、剪力和压力作用下的失效过程进行监控,同时可以完成对截割过程中应力、应变和能量等相关结果的提取。相比试验方法,数值模拟具有模型易更正、结果更直观的优点。

本章通过选取合理的岩石材料损伤本构模型,并结合岩石的失效准则,建立了截齿与岩石之间相互作用数值模拟模型。对截齿破岩过程中的裂纹扩展和岩块分离过程进行深入研究,利用试验和理论对数值模拟方法进行了可行性验证,从而为截齿破岩过程和机理研究提供新的思路。本章的数值模拟方法以及数值模拟过程中采用的本构模型,为后面章节中不同约束条件下板状岩石的破碎提供了可靠的数值模拟依据。

4.1 三边约束岩板截割破碎数值模拟

数值模拟方法的主要思想是建立研究对象的物理模型。通过对物理模型添加连续方程、本构方程和状态方程等微分方程以及对物理模型赋予边界条件,利用计算机对物理模型进行求解。对于截齿侵彻岩石的数值模拟,目前采用的主要方法包括有限元法、离散元法及其相结合的模拟方法。有限元法具有重复性好,试验经费耗费少,物理模型易更改等优点,其计算结果可为试验研究、设备购置等提供数据依据。本章采用有限元法,应用变分原理,将物理模型划分为有限多个具有相互联系的组合单元,通过插值计算的方法让求得的近似解趋向精确解。

4.1.1 截齿破岩数值模拟

4.1.1.1 单元形函数

单元的划分是有限元分析法处理过程中最关键也是最重要的步骤,对数值模拟结果的准确性具有很大的影响。本书中岩石模型单元均为规则形状,所划分的八节点六面体单元与前人划分的四面体单元相比具有很多优点。相比四面体单元,六面体单元有更多用于控制计算精度的项从而可使计算结果更加准确,收敛性速度更快。六面体单元的自由度更低,对于同样体积的岩石,在同样的单元尺寸下,六面体单元显然只具有四面体单元四分之一的离散总量,因此可有效提高计算效率,节省计算时间。书中用于数值模拟的岩石材料均为硬质岩石,在破碎过程中会产生很大畸变,六面体单元具有更好的抗畸变能力。任意的八节点六面体单元如图 4-1(a)笛卡尔坐标系所示,标准的八节点六面体单元如图 4-1(b)自然坐标系所示。

两个坐标系中各个点的坐标是相互对应的,通过等参元坐标变换有如下关系:

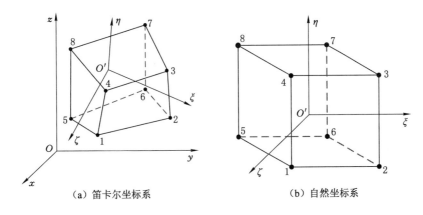

（a）笛卡尔坐标系　　　　　　　（b）自然坐标系

图 4-1　八节点六面体单元

$$x(\xi,\eta,\zeta)=\sum_{i=1}^{8}N_i x_i, y(\xi,\eta,\zeta)=\sum_{i=1}^{8}N_i y_i, z(\xi,\eta,\zeta)=\sum_{i=1}^{8}N_i z_i \tag{4-1}$$

其中 N_i 为其形函数：

$$N_i=\frac{1}{8}(1+\xi_i\xi)(1+\eta_i\eta)(1+\zeta_i\zeta) \tag{4-2}$$

式中　(x_i,y_i,z_i)——笛卡尔坐标系中六面体节点物理坐标；

　　　(ξ,η,ζ)——自然坐标系中的六面体节点局部坐标；

　　　(ξ_i,η_i,ζ_i)——自然坐标系中与(x_i,y_i,z_i)相对应的六面体节点局部坐标。

　　形函数矩阵为：

$$\boldsymbol{N}=\begin{bmatrix} N_1 & 0 & 0 & N_2 & 0 & 0 & \cdots & N_8 & 0 & 0 \\ 0 & N_1 & 0 & 0 & N_2 & 0 & \cdots & 0 & N_8 & 0 \\ 0 & 0 & N_1 & 0 & 0 & N_2 & \cdots & 0 & 0 & N_8 \end{bmatrix} \tag{4-3}$$

4.1.1.2　接触力计算方法

截齿与岩石接触时法线方向接触力为：

$$f_n=-kg_n\boldsymbol{n} \tag{4-4}$$

式中　k——罚刚度因子；

　　　$\boldsymbol{n}$——接触对在接触点处的法线单位法线矢量；

　　　g_n——法线方向上主节点在从单元上的贯入量。

　　对于 Solid_164 实体单元，罚刚度因子的计算方法如下：

$$k=\alpha\frac{KA^2}{V} \tag{4-5}$$

式中　V——单元体积；

　　　A——接触面单元面积；

　　　K——体积模量；

　　　α——缩放系数，在有限元数值模拟过程中默认为 0.1。

　　罚刚度因子对接触力的准确性具有很大的影响，在数值模拟过程中赋值时需要特别注意。岩石单元的体积模量 K 定义如下：

$$K = \frac{E}{3(1-2\nu)} \tag{4-6}$$

式中　E——岩石的弹性模量；

　　　ν——岩石的泊松比。

4.1.1.3　岩石本构模型

针对岩石在围压、载荷等复杂外界条件下的动态响应问题,模型应包含材料的基本参数、损伤效应、应变硬化、压碎、压实等物理参数与特性[1]。在 Johnson-cook 提出的模型基础上,Holmquist 等[2]提出了 JOHNSON_HOLMQUIST_ CONCRETE(JHC)模型,该模型能够很好地模拟混凝土在碰撞和冲击过程中的动态响应问题,本书将 HJC 模型推广应用到岩石本构模型的建立,能够很好地模拟截齿碰撞岩石过程中岩石的应变、损伤和破裂问题。可以利用等效强度模型(图 4-2)、状态方程和损伤模型对本构模型进行研究。

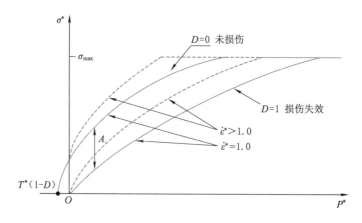

图 4-2　HJC 等效强度模型

HJC 等效强度模型可表述为:

$$\sigma^* = [A(1-D) + BP^{*N}](1 + C\ln \dot{\varepsilon}^*) \tag{4-7}$$

式中　σ^*——归一化等效应力；

　　　A——归一化内聚力,$D(0 \leqslant D \leqslant 1)$为损伤因子；

　　　B——压力硬化系数；

　　　P^*——标准化静水压力；

　　　C——应变率系数；

　　　$\dot{\varepsilon}^*$——相对应变率；

　　　N——材料的硬化指数。

$$\sigma^* = \frac{\sigma}{f'_c} \quad (\sigma^* \leqslant \sigma_{max}) \tag{4-8}$$

式中　σ——实际等效压力；

　　　f'_c——静态单轴抗压强度；

　　　σ_{max}——最大标准化应力。

$$P^* = \frac{P}{f'_c} \tag{4-9}$$

式中　P——实际静水压力。

$$\dot{\varepsilon}^* = \frac{\dot{\varepsilon}}{\dot{\varepsilon}_0} \tag{4-10}$$

式中　$\dot{\varepsilon}$——实际应变率；

$\quad\quad\dot{\varepsilon}_0$——参考应变率，取 $1.0\ \mathrm{s}^{-1}$。

HJC 本构模型断裂前损伤模型如图 4-3 所示，其损伤累计方法与 Johnson-cook 的断裂损伤模型相似[3]，但是进行了改进。

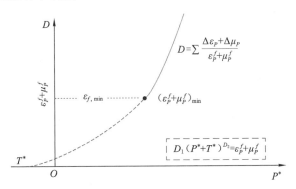

图 4-3　岩石损伤累积模型

Johnson-cook 的断裂损伤模型仅通过等效塑性应变的累加来计算损伤值，HJC 损伤模型不仅考虑了等效塑性应变的累加对损伤的影响，还考虑了等效塑性体积应变对损伤的影响，HJC 损伤模型如式(4-11)所示。

$$D = \sum \frac{\Delta\varepsilon_P + \Delta\mu_P}{\varepsilon_P^f + \mu_P^f} \quad (0 \leqslant D \leqslant 1) \tag{4-11}$$

式中　$\Delta\varepsilon_P$——一个积分计算循环内的等效塑性应变；

$\quad\quad\Delta\mu_P$——一个积分计算循环内的等效塑性体积应变。

$\varepsilon_P^f + \mu_P^f = f(P)$ 是关于实际静水压力 P 的一个函数，表示不变静水压力 P 作用下岩石损伤致破裂时要产生的总塑性应变，该表达式如下。

$$\varepsilon_P^f + \mu_P^f = D_1(P^* + T^*)^{D_2} \geqslant \varepsilon_{f,\min} \tag{4-12}$$

式中　$D_1, D_2, \varepsilon_{f,\min}$——损伤常数；

$\quad\quad T^*$——最大归一化静水压力；

$\quad\quad\varepsilon_{f,\min}$——断前最小塑性应变，用来控制拉伸应力波引起的岩石破裂。

通过式(4-12)可知，当 $P^* = -T^*$ 时岩石材料不会发生塑性应变，当 $P^* \neq -T^*$ 时，岩石的塑性应变会随着 P^* 的增大而增大直至岩石破裂。T^* 可表示如下。

$$T^* = \frac{T}{f_c'} \tag{4-13}$$

式中　T——岩石材料所能承受的最大静水拉力，是一个无量纲量。

在式(4-12)和式(4-13)中都体现了由塑性体积应变引起的损伤，这产生的主要原因是岩石孔隙被压实而产生较大变形同时失去内聚力。多数种类的岩石在多数情况下，其主要破坏方式是等效体积应变引起的损伤。

用状态方程来表示静水压力与体积应变的关系,两者之间关系如图 4-4 所示,图 4-4 中曲线分为弹性变形阶段、塑性变形阶段和压实变形阶段。

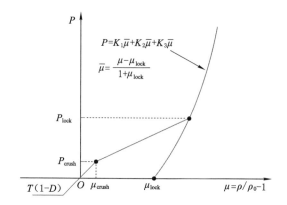

图 4-4 静水压力和体积应变的关系

① 第一阶段是在静水压力 $P \leqslant P_{\text{crush}}$ 时的线弹性阶段。这个阶段体积应变和静水压力表现为线性关系,其表达式为:

$$P = K\mu \quad \left[-T(1-D) \leqslant P \leqslant P_{\text{crush}} \right]$$
$$K_{\text{elastic}} = P_{\text{crush}} / \mu_{\text{crush}} \tag{4-14}$$

式中　P_{crush}——在单轴抗压试验中的压溃压力(弹性极限对应的静水压力值);

　　　μ——体积应变;

　　　K_{elastic}——岩石的弹性体积模量。

② 第二个阶段是 $P_{\text{crush}} < P \leqslant P_{\text{lock}}$ 时的塑性阶段。此阶段加载时岩石内部孔隙中的气体由于塑性体积应变被排出岩石外部。此阶段卸荷时体积应变在交界区域以插值计算的形式回弹。

加载阶段的状态方程为:

$$P = \frac{(\mu - \mu_{\text{crush}})(P_{\text{lock}} - P_{\text{crush}})}{\mu_P - \mu_{\text{crush}}} + P_{\text{crush}} \tag{4-15}$$

在卸载阶段状态方程为:

$$P = P_0 - \left[(1-F)K + FK_1 \right](\mu_0 - \mu) \tag{4-16}$$

式中　P_{lock}——岩石孔隙率为 0 时的静水压力;

　　　μ_{crush}——压溃压力对应的体积应变;

　　　μ_P——压实静水压力 P_{lock} 对应的体积应变;

　　　K_1——压力常数;

　　　P_0——加载的最大静水压力,即最大体积应变对应的静水压力;

　　　μ_0——最大载荷对应体积应变。

F 为卸荷比例系数,F 与 K_1 的定义分别如下:

$$F = \frac{\mu_0 - \mu_{\text{crush}}}{\mu_P - \mu_{\text{crush}}} \tag{4-17}$$

$$K_1 = \frac{P_{\text{lock}} - P_{\text{crush}}}{\mu_P - \mu_{\text{crush}}} \tag{4-18}$$

③ 第三阶段是 $P > P_{\text{lock}}$ 的岩石压实阶段，即岩石孔隙率为 0 的阶段。此阶段岩石被压碎，静水压力和体积应变的关系可表示为以下两种方式。

加载阶段状态方程为：

$$P = K_1 \bar{\mu} + K_2 \bar{\mu}^2 + K_3 \bar{\mu}^3$$

$$\bar{\mu} = (\mu - \mu_{\text{lock}})/(1 + \mu_{\text{lock}}) \tag{4-19}$$

卸载阶段状态方程为：

$$P = K_1 \mu \tag{4-20}$$

式中　$\bar{\mu}$——矫正的体积应变；

K_2, K_3——材料的压力常数；

μ_{lock}——锁模容积应变，即压实极限压力下体积应变。

4.1.1.4　岩石单元失效评估方法

岩石属于准脆性材料，达到承载强度后会产生裂纹并崩裂，材料 JHC 本构模型能够很好地模拟岩石在外界压力下损伤直至失效的全过程，但是对拉失效和剪失效过程缺乏定义。在对岩石的建模过程中，对本构模型添加 ADD_EROSION 关键字，对镐形截齿破岩过程中的岩石拉失效和剪失效进行定义，能够实现岩石破碎过程中的断裂过程。该模型可同时定义一种或多种失效准则：

$$(P \geqslant P_{\text{max}}) \parallel (\varepsilon_3 \leqslant \varepsilon_{\text{min}}) \parallel (P \leqslant P_{\text{min}}) \parallel (\sigma_1 \geqslant \sigma_{\text{max}}) \parallel \left(\sqrt{\frac{3}{2}\sigma_{ij}'^2} \geqslant \bar{\sigma}_{\text{max}}\right) \parallel$$

$$(\varepsilon_1 \geqslant \varepsilon_{\text{max}}) \parallel (\gamma_1 \geqslant \gamma_{\text{max}}) \parallel \left(\int_0^t [\max(0, \sigma_1 - \sigma_0)]^2 \,\mathrm{d}t \geqslant K_f\right) \tag{4-21}$$

式中　P——实际压力；

P_{max}——最大失效压力；

ε_3——最小主应变；

ε_{min}——最小失效主应变；

P_{min}——最小失效压力；

σ_1——最大主应力；

σ_{max}——最大失效主应力；

σ_{ij}'——偏应力分量；

ε_1——最大主应变；

ε_{max}——最大失效主应变；

γ_1——最大剪切应变；

γ_{max}——最大剪切失效应变；

σ_0——指定的应力阈值；

K_f——失效应力脉冲。

4.1.2　三边约束岩板截割破碎数值模拟

通过试验研究的方法对岩石性质、岩板厚度和岩板宽度等影响截齿截割力的单因素进行研究，得出了具有规律性的结果。对每项单因素的研究都采用了四组参数，结果是可靠的,但是高度、宽度的尺寸范围不够全面。通过数值模拟的方法可以对各种尺寸的岩石在破碎过程中的截割力进行研究。由于试验台的限制,未能对截割角度、截割速度和左右截割位置等影响截割力的因素进行研究。数值模拟在低成本的前提下,能很好填补试验研究的空缺。

4.1.2.1　有限元模型建立

　　镐形截齿与岩板的相互作用模型采用与前文相同的建模方法和岩石本构模型,有限元模型主要包括截齿和岩石。岩石与截齿的接触参数及截割的结构参数与第 3 章模型的相同。采用花岗岩材料参数进行建模。如图 4-5(a)所示,岩石模型由岩板和基岩组成,并对有限元模型添加约束条件。

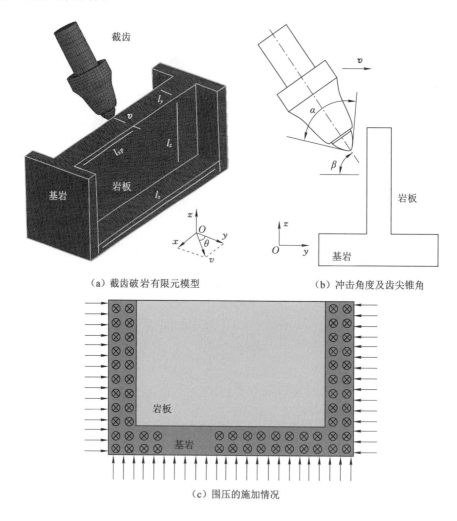

（a）截齿破岩有限元模型　　　　　　（b）冲击角度及齿尖锥角

（c）围压的施加情况

图 4-5　截齿破岩有限元模型的建立

　　有限元模型约束条件如下:
　　① 将基岩下表面节点建立为一个节点组,本节点组所有方向均无自由度。
　　② 将基岩左右表面节点组 x 向位移约束为零。
　　③ 将基岩前后表面节点组 y 向位移约束为零。
　　④ 对截齿施加 y 向直线运动约束。

岩板的不同尺寸可由各种变化的长度、宽度和厚度组合而成,具体尺寸如下。

岩板宽度(l_x):40 mm、60 mm、80 mm、120 mm、160 mm、200 mm、300 mm、400 mm 和 500 mm,岩板宽度同时称为自由面宽度。

岩板高度(l_z):20 mm、30 mm、40 mm、60 mm、80 mm、120 mm、160 mm 和 200 mm,岩板高度同时称为自由面高度。

岩板厚度(l_y):10 mm、16 mm、20 mm 和 30 mm。

截割作用力位置对岩板的弯曲变形、内力分布和弯矩具有很大影响,定义截齿与岩板右侧边界的距离为截割位置,用 l_{xp} 表示,主要取合理数值。

截割位置(l_{xp}/l_x):1/8、1/4、3/8 和 1/2。

为研究截割速度对截齿破碎岩板性能的影响,并使截齿速度与实际掘进机线速度尽量一致,数值模拟中截齿截割速度应取合理数值。

定义截齿速度在 xoy 平面上与 y 轴的夹角为截割角,定义当截齿速度的分量为 x 轴正方向和 y 轴正方向时 θ 为负,当截齿速度分量为 x 轴负方向和 y 轴正方向时 θ 为正。

截割角(θ):5°、10°、15°、20°、25°和 30°。

α 和 β 分别为截齿齿尖角和截割冲击角,如图 4-5(b)所示。数值模拟过程中围压的施加情况如图 4-5(c)所示,围压施加情况在基岩的外表面上,方向指向岩板方向,围压大小如下。

围压:1 MPa、2 MPa、3 MPa、4 MPa 和 5 MPa。

4.1.2.2　岩板断裂过程

随着镐形截齿的运动,截齿对岩板产生截割作用力,岩板弯曲从而产生弯矩和内力,最终可从基岩处断裂分离。岩板断裂主要过程如图 4-6 所示。

(1)初始接触压碎

当截齿与岩板开始接触时,在截齿附近有少量岩石单元失效,如图 4-6(a)所示。截齿在刚与岩板接触时接触面积较小,产生的压力较大,使岩石单元损伤产生压失效。当岩石单元压失效后,截齿与岩板的接触面积增大,从而产生更大的截割力。其截割力变化对应图 4-7 的阶段Ⅰ,此阶段截割力在波动中逐渐增大。

(2)主裂纹形成

随着截齿与岩板之间截割力的增大,岩板产生变形,与截齿作用位置相对应的另一侧岩板由于受到拉应力的作用发生单元失效并断裂形成主裂纹。该主裂纹形成如图 4-6(b)所示。对于三边约束岩板,主裂纹为岩板的初始断裂位置,存在于岩板左右中线位置。试验过程中该初始断裂位置不在岩板中间的原因是天然形成的岩石是非均质的,会首先从具有天然缺陷的位置断裂。此阶段截割力主要对应图 4-7 的阶段Ⅱ,截割力稳定上升并且达到波峰。

(3)裂纹随机生成与扩展

主裂纹形成后的岩板在截齿作用下和原有主裂纹基础上随机形成多处裂缝和微细裂纹,如图 4-6(c)所示。随截齿运动和岩板的受力,自由边界和固定边界相交的角点处由于受到弯矩的作用开始产生裂纹。该角点处裂纹形成如图 4-6(d)所示。该阶段截割力主要对应图 4-7 的阶段Ⅲ,当角点处开始产生裂纹时截割力达到最大值。

(4)岩板分离

岩板角点处裂纹形成后,截割强度明显降低,裂纹开始随截齿运动快速向外扩展并连接,在下固定边界处产生裂缝,该过程如图 4-6(e)所示。裂纹相互连接后,岩板从基岩断裂分离,该过程如图 4-6(f)所示,此时截割结束。岩板分离阶段截割力变化主要对应图 4-7 的阶段Ⅳ,这是因为岩板的主要裂纹均已经形成,是一个裂纹再扩展的过程,截割力逐渐降低,截割结束时截割力下降为零。岩板截割试验中截割力在达到最大值后迅速下降为零,并没有出现图 4-7 中的阶段Ⅳ,这主要由自然形成的岩板中含有裂纹和具有不均质性,截割力作用下岩板在裂纹处迅速断裂导致。

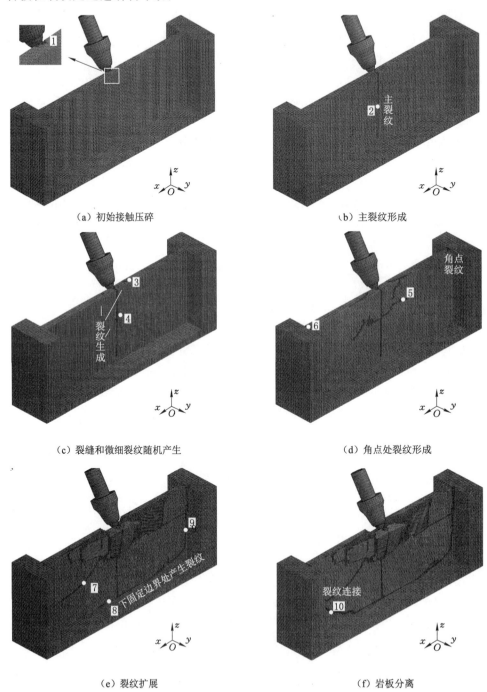

（a）初始接触压碎   （b）主裂纹形成

（c）裂缝和微细裂纹随机产生   （d）角点处裂纹形成

（e）裂纹扩展   （f）岩板分离

图 4-6 岩板断裂主要过程

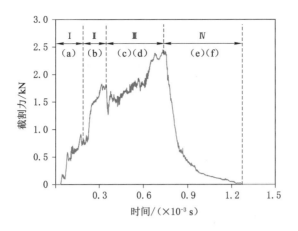

图 4-7 截割力随时间变化的曲线

4.1.2.3 单元失效模型

岩板破碎过程中岩石的失效机理对截割力和岩石断裂过程的研究具有重要意义。在传统岩石截割过程中,拉失效是引起岩石失效的主要形式。本书选择 10 个单元来研究岩板断裂过程中测试单元的主要失效形式(图 4-6),部分测试单元的应力变化曲线如图 4-8 所示。

与传统岩石截割单元失效形式相同,岩板测试单元仍然可能产生拉失效、剪失效和压失效 3 种失效形式。当岩石的拉伸应力值达到 12.1 MPa 时测试单元表现为拉失效,当岩石的压缩损伤值达到 1 时岩石单元表现为压失效,当不满足这两项条件时,岩石为剪失效,测试单元不会同时产生 3 种失效形式。如图 4-8(a)所示,测试单元 1 受到的最大压应力是 81.1 MPa,最大拉应力是 5.3 MPa(小于极限抗拉强度 12.1 MPa),最大剪应力为 62.8 MPa,最大损伤值达到 1,这表明测试单元 1 由于压缩损伤而失效。如图 4-8(b)所示,对于测试单元 2,其最大损伤值是 0,所以测试单元不是由于压缩损伤而失效。测试单元 2 承受的最大拉应力为 12.0 MPa,表明测试单元 2 因受拉伸应力而发生拉失效,其最大拉应力略小于极限抗拉强度 12.1 MPa 是因为采样频率。

对于图 4-6 中所示的 10 个测试单元,数值试验结果表明其中 9 个发生拉失效,1 个发生压失效,测试单元承受的应力和损伤值如表 4-1 所示。

表 4-1 测试单元承受的应力和损伤值

测试单元编号		1	2	3	4	5	6	7	8	9	10
压应力/MPa	最大	81.1	49.3	15.2	9.3	6.4	12.6	11.4	5.4	1.5	16.1
	最小	−5.3	12.0	12.1	12.1	11.9	11.9	12.0	12.0	11.9	12.1
剪应力/MPa	最大	62.8	40.7	9.7	7.4	19.2	23.4	18.5	12.3	18.7	6.9
损伤值	最大	1	0	0	0	0	0	0	0	0	0

综上分析可以看出,截齿截割岩板过程中主要的失效方式仍为拉失效,在截齿周围会有小部分岩石测试单元由于压缩损伤发生失效。产生这一结果的主要原因是岩石的抗拉强度明显小于极限剪切强度和极限抗压强度,岩石在受外界机械作用力的情况下更容易因变形过程中的拉应力而产生拉破坏。

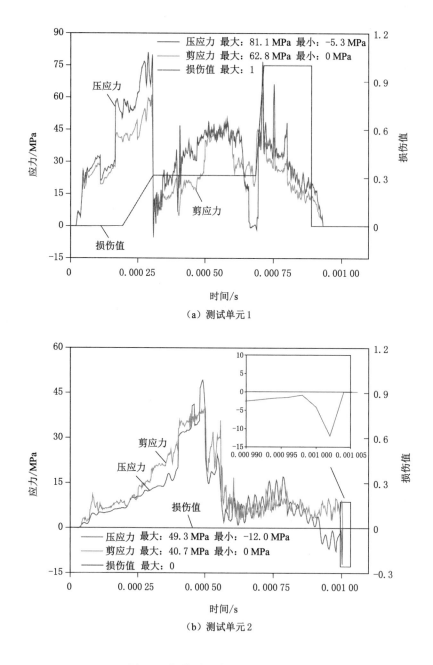

（a）测试单元1

（b）测试单元2

图 4-8 部分测试单元应力变化曲线

4.1.2.4 岩板高度对岩板破碎特性的影响

针对上一节中 4 种不同性质的岩石,通过改变其岩板宽度和高度的方法研究其在不同岩石参数下的截割力,对每种岩石进行 72 组数值模拟,变化的宽度和高度在前文中已经给出。数值模拟的目标是在研究截割力随尺寸变化规律的基础上,找出稳定截割力对应的岩板高度和宽度范围。

当宽度为 500 mm,厚度为 20 mm 时,花岗岩在高度为 20 mm 和 60 mm 时的截割结果如

图 4-9 所示。从图 4-9 中可以看出,在高度为 20 mm 时,岩板只有部分区域产生断裂,两侧岩板没有被截割断裂。同时可以看出,其断裂区域岩块的形状是随机的。在高度为 60 mm 时,截割断裂区域变大,并且与试验相同,岩板产生圆弧形式断裂。数值模拟中采用的材料为均质材料,而试验过程中的岩石是天然形成的,具有不均质性,所以数值模拟中圆弧更加平滑。数值模拟与试验最大的不同在于,数值模拟过程中截齿作用位置附近会有小块岩块分离,这是材料本构模型决定的,因此本书中对其不进行考虑。从岩板破碎效果上分析,岩板高度越大破碎面积越大,破碎效果也就越好。

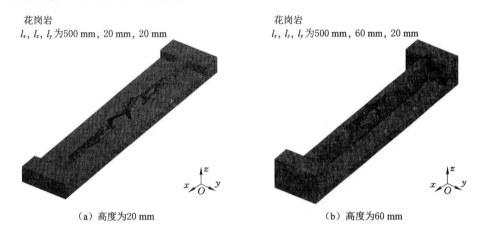

花岗岩
l_x, l_z, l_y 为500 mm, 20 mm, 20 mm

花岗岩
l_x, l_z, l_y 为500 mm, 60 mm, 20 mm

（a）高度为20 mm

（b）高度为60 mm

图 4-9　不同高度岩板的截割结果

试验过程受岩石本身不均质性、截割机构振动等因素影响,数值模拟过程条件设置理想,利用试验结果对数值模拟结果进行校验是十分必要的。当岩板宽度为 500 mm,高度为 200 mm,岩板厚度为 20 mm 时数值模拟结果和试验结果的对比如图 4-10 所示。

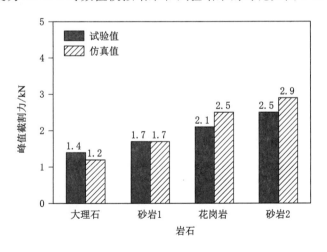

图 4-10　数值模拟结果与试验结果的对比

由图 4-10 可以看出,数值模拟结果与试验结果之间存在一定程度的差别,相差最大的是花岗岩与砂岩 2,其试验结果和数值模拟结果相差 16% 和 14%,砂岩 1 的数值模拟结果与试验结果相同。数值模拟结果基本能够反映试验结果,可以利用数值模拟方法对截齿破岩的力学特性作进一步分析。

不同岩石的峰值截割力随岩板高度变化的规律如图 4-11 所示。从图 4-11 中可以看出,峰值截割力随岩板高度变化的规律与试验相同,表现出随岩板高度的增加先降低后稳定的变化规律。

从图 4-11 中可以看出,对于厚度为 20 mm 的岩板,在不同岩板宽度下,当岩板高度增大到一定值后其峰值截割力将不再增大。定义在任意岩板宽度和高度下,一定厚度的岩板对应的最小峰值截割力为稳定峰值截割力。不同性质的岩石对应的稳定峰值截割力不同,其稳定峰值截割力对应的岩板最小高度和宽度也不同。

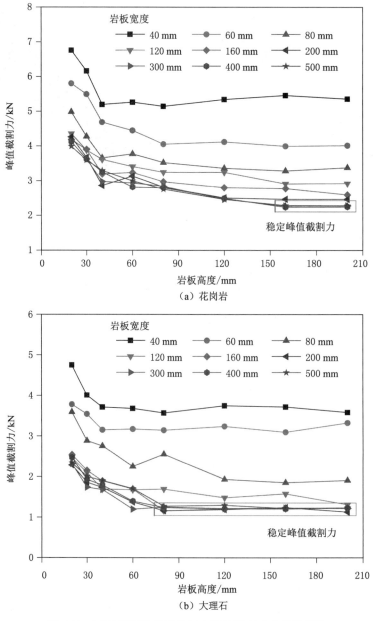

图 4-11 不同岩石的峰值截割力随岩板高度变化的规律

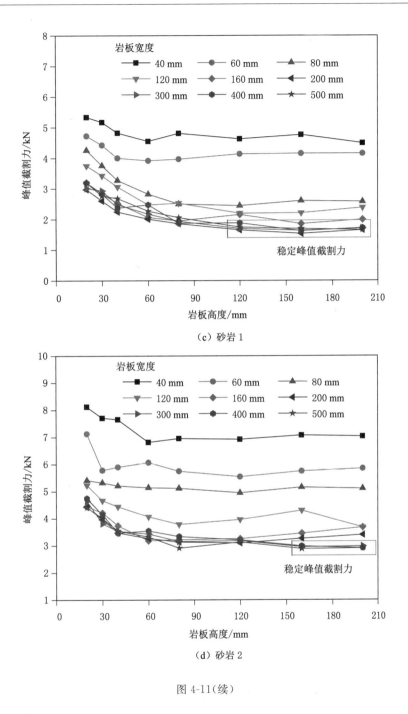

（c）砂岩 1

（d）砂岩 2

图 4-11（续）

引入稳定峰值截割力定义的意义在于，找出最小截割力对应的岩板尺寸范围，为锯切形成的板状岩体尺寸的确定提供依据。锯切形成的切缝深度应尽量等于或略大于稳定峰值截割力对应的最小岩板高度，以节省锯片锯切过程中的能量消耗，并使截齿截割力最小从而达到锯片能量消耗最小和截齿截割力最小的最优组合。不同性质岩石的稳定峰值截割力及其对应的最小岩板宽度和高度如表 4-2 所示。

表 4-2　不同性质岩石的稳定峰值截割力及其对应的最小岩板宽度和高度

岩 石	大理石	花岗岩	砂岩 1	砂岩 2
最小岩板高度/mm	80	160	120	160
最小岩板宽度/mm	160	300	200	300
稳定峰值截割力/kN	1.2	2.5	1.7	2.9

　　砂岩 2 和花岗岩对应的最小岩板尺寸最大,高度为 160 mm,宽度为 300 mm,这两种岩石对应的稳定峰值截割力分别为 2.9 kN 和 2.5 kN。大理石对应的最小岩板尺寸最小,高度为 80 mm,宽度为 160 mm,对应的稳定峰值截割力为 1.2 kN。由此可以看出,岩石的抗压强度越大,其稳定峰值截割力越大,稳定峰值截割力对应的最小岩板尺寸也越大。

　　岩板宽度为 500 mm 的 4 种岩板高度与峰值截割力关系以及拟合曲线如图 4-12 所示。由图 4-12 可以看出,花岗岩的拟合结果与试验拟合结果相同,岩板高度与峰值截割力之间存在指数关系,其他三种岩石岩板高度和峰值截割力间同样存在指数关系。这说明不同性质的岩石,其岩板高度与峰值截割力之间均存在指数关系。

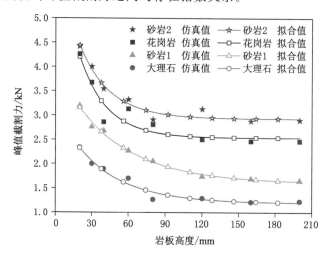

图 4-12　不同岩石峰值作用力与岩板高度的拟合曲线

　　4 种岩石拟合公式如表 4-3 所示。其线性相关系数 R 最小值为 0.932 04,最大为 0.994 64,说明拟合结果指数相关性较好;其拟合统计 P 值均远小于 0.01,说明拟合结果的可信任程度高。

表 4-3　4 种岩石拟合公式

岩 石	拟合公式	R	F 值	P 值	相关性
大理石	$y=1.197\,67+1.934\,44\exp(-0.026\,86x)$	0.975 86	847	4×10^{-7}	指数-负
砂岩 1	$y=1.609\,99+2.382\,99\exp(-0.021\,47x)$	0.994 64	4 089	9×10^{-9}	指数-负
花岗岩	$y=2.539\,45+4.029\,02\exp(-0.044\,05x)$	0.932 04	460	2×10^{-6}	指数-负
砂岩 2	$y=2.932\,84+3.361\,88\exp(-0.040\,12x)$	0.976 83	2129	4×10^{-8}	指数-负

　　注:y 为峰值截割力,x 为岩板高度。

4.1.2.5　岩板宽度对岩板破碎特性的影响

在岩板高度相同的情况下,岩板宽度会影响截齿截割力对岩板固定边的弯矩,截齿破碎不同宽度的岩板需要的截割力不同。

岩板在宽度为 80 mm,厚度为 20 mm,高度为 120 mm 时的截割结果如图 4-13 所示。从图中可以看出,在较大岩板高度和较小岩板宽度时,岩板只有上半部分产生了破碎,这是由于在高度较小时,岩板左右两侧固定边界的弯矩较大,由此产生的拉应力较大而引起的。

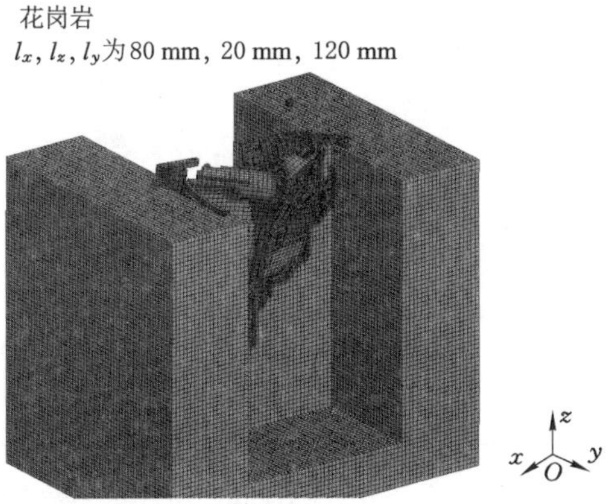

花岗岩
l_x, l_z, l_y 为 80 mm, 20 mm, 120 mm

图 4-13　岩板在相关尺寸时的截割结果

在各种岩板高度条件下,4 种岩石的峰值截割力随岩板宽度变化的规律如图 4-14 所示。由图 4-14 可以看出,在较小岩板宽度时,峰值截割力随岩板宽度的增加而降低,当岩板宽度增大到一定值后,峰值截割力不再随岩板宽度的增加而改变,而成为一基本恒定的数值。

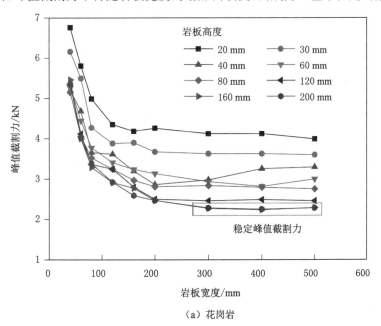

（a）花岗岩

图 4-14　峰值截割力随岩板宽度变化的规律

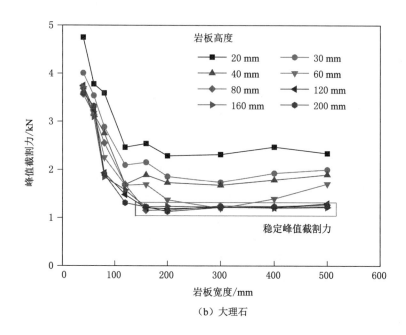

（b）大理石

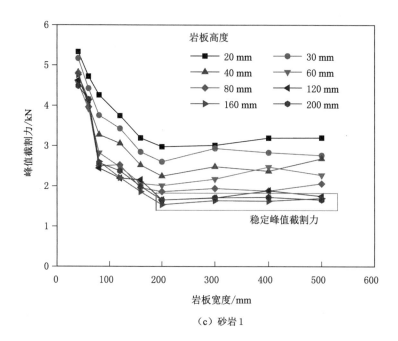

（c）砂岩1

图 4-14（续）

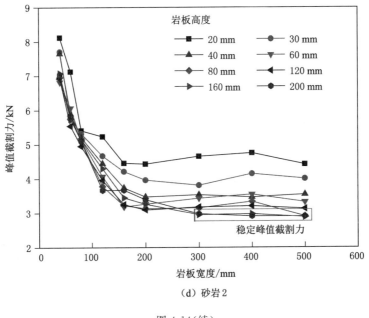

（d）砂岩 2

图 4-14（续）

大理石稳定峰值截割力的范围最大,砂岩 1 次之,该范围最小的是花岗岩和砂岩 2,图 4-14 数据与图 4-11 数据相同,所以求得的不同性质岩石对应的稳定峰值截割力相同,不同性质岩板的峰值截割力与岩板宽度的拟合曲线如图 4-15 所示。由图 4-15 可以看出,4 种岩板的峰值截割力与岩板宽度之间均存在指数关系,同时可以看出,对于不同性质的岩石,岩石抗压强度越大,其在相同岩板参数条件下的截割力越大。

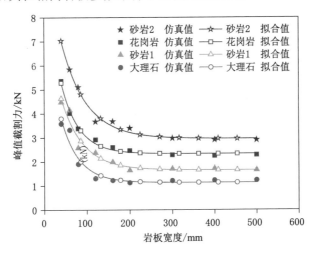

图 4-15　不同性质岩板的峰值截割力与岩板宽度的拟合曲线

峰值截割力和岩板宽度之间的拟合结果如表 4-4 所示。由表 4-4 可以看出,两者之间呈指数负相关的关系,其相关系数 R 最小为 0.956 58,说明指数关系理想,最大 P 值为 7×10^{-6},远小于 0.01,说明拟合结果是可信的并且表现出极显著的特性。

表 4-4   峰值截割力 y 与岩板宽度 x 之间的拟合结果

岩　石	拟合公式	R	F 值	P 值	相关性
大理石	$y=1.142\,29+6.967\,79\exp(-0.024\,19x)$	0.956 58	150	7×10^{-6}	指数-负
砂岩 1	$y=1.660\,03+6.537\,20\exp(-0.019\,69x)$	0.965 89	267	1×10^{-6}	指数-负
花岗岩	$y=2.337\,37+7.777\,73\exp(-0.024\,30x)$	0.993 53	2193	3×10^{-9}	指数-负
砂岩 2	$y=2.959\,11+8.093\,32\exp(-0.017\,17x)$	0.992 77	1 830	4×10^{-9}	指数-负

4.1.2.6　截割角度对岩板破碎特性的影响

截割角度是影响岩板受力分布的重要因素,岩板在不同受力和弯矩条件下会产生不同的断裂形式,不同截割角度下花岗岩截割结果如图 4-16 所示。

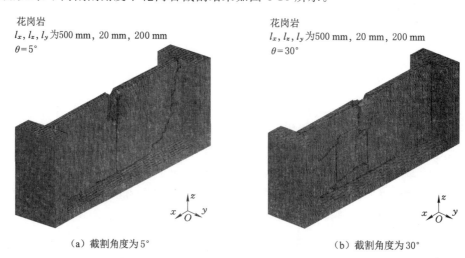

花岗岩
l_x, l_z, l_y 为500 mm, 20 mm, 200 mm
$\theta=5°$

花岗岩
l_x, l_z, l_y 为500 mm, 20 mm, 200 mm
$\theta=30°$

（a）截割角度为5°　　　　　　　　（b）截割角度为30°

图 4-16　不同截割角度下花岗岩截割结果

截齿截割角度在 5°时的截割结果如图 4-16(a)所示,其断裂形式仍然为在岩板 x 向中间位置产生主裂纹,在岩板两侧产生圆弧形断裂。当截割角度增大到 30°时,岩板的断裂形态发生了明显的变化,由图 4-16(b)可以看出,岩板在截齿运动方向一侧产生了断裂,裂缝发展具有一定的随机性,不再是圆弧形断裂。

峰值截割力随截割角度变化的规律如图 4-17 所示。由图 4-17 可以看出,峰值截割力随截割角度的增加呈现先增加后降低的趋势。当截割角度为 0°至 10°时截割力上升趋势明显;当截割角度为 10°至 15°时截割力下降趋势明显;当截割角度为 15°至 30°时截割力虽有降低趋势,但是数值变化速度较慢。由宽度为 400 mm 且高度为 160 mm 的花岗岩峰值截割力与截割角度的关系折线可以看出,当截割角度在 20°至 30°时,其峰值截割力基本稳定。

4.1.2.7　围压对岩板破碎特性的影响

巷道中岩石受到不同的围压作用,前人研究成果表明不同围压对镐形截齿破岩峰值截割力具有影响,由其数据结果可以看出,峰值截割力先随围压的增加而增加,后随围压的增加而减小。接下来通过数值模拟的方法研究围压对截齿破碎板状岩石的影响。

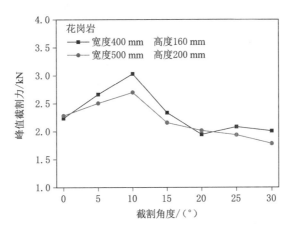

图 4-17　峰值截割力随截割角度变化的规律

围压为 1 MPa 和 4 MPa 时花岗岩截割结果如图 4-18 所示。由图 4-18 可以看出,在较高围压条件下,花岗岩破碎过程会产生更多裂纹和碎块;在不同围压条件下,岩板破碎的形态相似,高围压条件下岩石表现出更脆的性质。

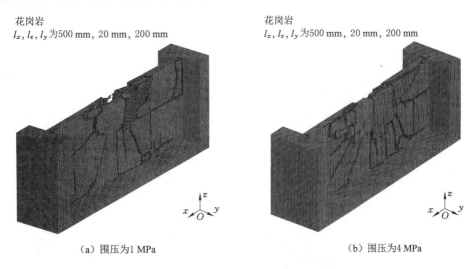

（a）围压为 1 MPa　　　　　　　　　　　　（b）围压为 4 MPa

图 4-18　不同围压下花岗岩截割结果

厚度为 20 mm 的花岗岩在不同围压下的峰值截割力随围压变化的规律如图 4-19 所示。由图 4-19 可以看出,峰值截割力随围压的增加呈现先增大后减小的规律,当围压增大到 4 MPa 时,其峰值截割力比在无围压时的截割力小,这说明较高围压会降低截齿截割力。对于厚度为 20 mm 的花岗岩,在围压为 2 MPa 时,其峰值截割力达到最大值。

围压与峰值截割力的拟合曲线如图 4-19 所示,其拟合结果如表 4-5 所示。由表 4-5 可以看出,围压与峰值截割力之间存在二次函数关系,在宽度为 400 mm 和 500 mm 时其相关系数分别为 0.980 64 和 0.999 04,两者间相关性较好,P 值均大于 0.05,说明拟合结果是可靠的。

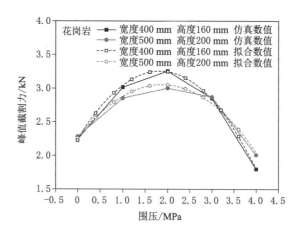

图 4-19　峰值截割力随围压变化的规律（厚度 20 mm）

表 4-5　围压和峰值截割力之间的拟合结果

岩板宽度/mm	拟合公式	R	F 值	P 值	相关性
400	$y = 2.259\ 20 + 0.846\ 27x - 0.224\ 79x^2$	0.980 64	51.2	0.019	二次函数
500	$y = 2.224\ 46 + 1.127\ 52x - 0.307\ 93x^2$	0.999 04	1 043.8	0.001	二次函数

4.1.2.8　截割位置对岩板破碎特性的影响

前文所作研究表明，截齿截割位置均在岩板 x 向的中间位置。当截齿截割位置变动时，由于截齿离固定边界的距离变动，产生的弯矩变动，破碎岩石需要的截割力也会改变。不同截割位置下岩板的截割结果如图 4-20 所示。当截割位置为 $1/8l_x$ 时，岩板在截割位置处的一侧产生部分断裂，断裂范围较小，详情如图 4-20(a) 所示；当截割位置为 $1/4l_x$ 时，岩板断裂区域开始变大，详情如图 4-20(b) 所示。由此可得，当截割位置更贴近固定边界时，不利于岩板的破碎；当截齿处于岩板 x 向的中间时，岩板更容易产生整体破碎。

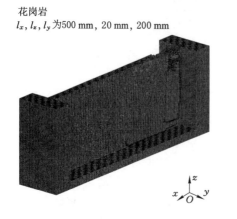

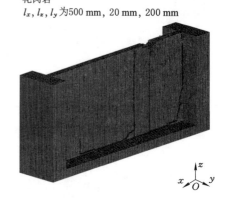

（a）截割位置 $l_{xp}/l_x = 1/8$　　　　　　　　（b）截割位置 $l_{xp}/l_x = 1/4$

图 4-20　不同截割位置下岩板的截割结果

峰值截割力与截割位置变化的规律如图 4-21 所示。当截割位置在 $1/8l_x$ 至 $3/8l_x$ 之间时,得到的峰值截割力随截割距离的增大而变小。对比 $3/8l_x$ 截割位置的截割力与截齿在中间位置时的峰值截割力可以看出,峰值截割力在这一区间内基本保持稳定。所以,峰值截割力随截割位置的增大呈现先降低后稳定的变化趋势。

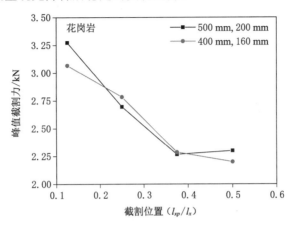

图 4-21　峰值截割力随截割位置变化的规律

4.2　两邻边约束岩板截割破碎数值模拟

由试验结果可知,两邻边约束岩板的截割结果和截割力,与三边约束岩板的具有很大不同。需要进一步通过数值模拟的方法,对两邻边约束岩板的破碎过程进行研究并分析其断裂过程。试验采用的岩石具有一定的不均质性,故数值模拟方法中采用的岩石模型破碎结果比试验更具有普遍性。与三边约束岩板数值模拟相同,本节进一步研究截割角度和围压等因素对截割力的影响。

4.2.1　岩板断裂过程

截齿作用下两邻边约束岩板的断裂过程如下。

(1) 主裂纹形成

由三边约束岩板的单元失效模型可知,截齿与岩板开始接触时,在接触位置附近单元由于承受压力超过极限抗压强度而失效,两邻边约束岩板也存在相同的压碎区域,即如图 4-22(a)所示压碎区域。压碎区域形成后,由于截齿与岩板的接触面积增大,截割力增大,使岩板以截齿作用位置为起点产生主裂纹。该主裂纹贯穿岩板的 y 向中线,直至下固定边界终止。

(2) 下固定边界裂纹形成

主裂纹形成后,在主裂纹左侧形成了两邻边约束岩板,在主裂纹右侧形成了一边约束三边自由岩板。截齿对两种岩板自由边的交界位置(即自由角点处)施加截割力,使岩板在自由边界与下固定边界交界处产生最大弯矩和内力,这两种约束情形下的岩板在下固定边界处沿主裂纹向两侧产生微裂纹,如图 4-22(b)所示。

(3) 固定边与自由边交点处裂纹形成

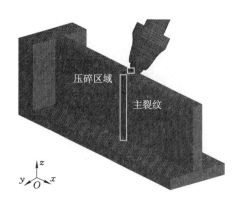

（a）主裂纹形成

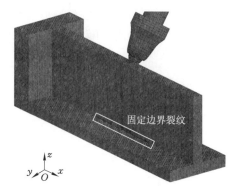

（b）下固定边界裂纹形成

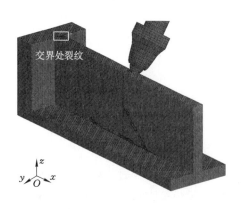

（c）固定边与自由边交点处裂纹形成

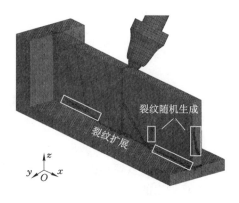

（d）裂纹扩展与随机生成

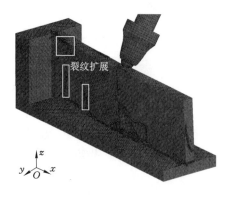

（e）裂纹扩展

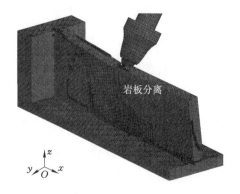

（f）裂纹贯穿及岩块分离

图 4-22　两邻边约束岩板的破碎过程

随截齿的运动,主裂纹左侧两邻边约束岩板产生更大变形,自由边界和固定边界交点处产生的内力大于岩石的极限抗拉强度而产生裂纹,岩板边缘处开始断裂,效果如图 4-22(c) 所示。同时,岩板的其他位置由于岩板变形和拉应力开始随机产生裂纹。

(4) 裂纹扩展与随机生成

在截齿的截割力作用下,岩板自由边界上已经形成裂纹的 3 个位置的裂纹开始向外扩展。右侧岩板裂纹沿固定边界扩展,使右侧岩板由基岩处产生整体断裂。左侧岩板由于受到两邻边的固定作用,在原有裂纹扩展的基础上开始随机产生裂纹,如图 4-22(d) 所示。

(5) 裂纹扩展

如图 4-22(e) 所示,左侧岩板随机生成的裂纹在截割力作用下开始迅速向外扩展。这一过程中,右侧岩板由于在上一过程中已经断裂,故其裂纹变化较小。该过程中截齿所承受的截割力主要是来自左侧岩板的阻力。

(6) 裂纹贯穿及岩块分离

随着截齿的运动,岩板向外扩展的裂纹逐步在岩板内外相互连接、贯穿,使岩板开始断裂并从基岩分离,效果如图 4-22(f) 所示。由图 4-22(f) 可以看出,右侧岩板整体均从基岩断裂,左侧部分岩板断裂,这与试验中的截割结果是相同的。数值模拟结果与试验结果的对比表明,数值模拟得到的岩板断裂行为是可靠的。

与图 4-22 所示岩板破碎过程对应的截割力随时间变化的曲线如图 4-23 所示。由图 4-23 可以看出,在截齿截割岩板过程中,截割力整体呈现先逐步升高再逐步降低的趋势。截割力变化过程与图 4-22 所示的每个破碎阶段都具有对应关系。

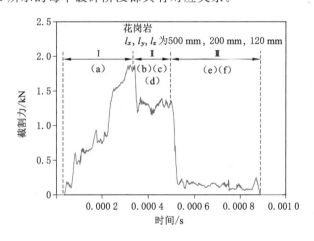

图 4-23　截割力随时间变化的曲线

阶段 I:此阶段为截割力上升到最大值的阶段。这一阶段主要对应图 4-22(a),是岩板与截齿初始接触以及岩板主裂纹产生的阶段。岩板开始产生主裂纹时,截割力达到峰值点。在截割力上升过程中截割力有一定的波动,这主要是由于部分单元的损伤失效,截齿与岩板接触面积发生变动。

阶段 II:此阶段的截割力在一定数值范围内波动,主要是裂纹生成阶段,对应于图 4-22 的 (b)(c)(d) 破碎过程。这一阶段的截割力比峰值截割力小的主要原因是,岩板已经产生部分裂纹,强度降低,破碎较为容易,在较小的截割力下即可发生断裂。

阶段Ⅲ:此阶段截割力数值较小,主要是裂纹扩展、贯穿以及岩板碎块分离阶段,对应于图 4-22 的(e)和(f)破碎过程,裂纹连接过程中只有少量单元失效,所以对应的截割力较小。岩板从基岩分离时,由于与截齿仍处于接触状态,所以存在较小的截割力由各阶段曲线可以看出,截割力变化过程中,裂纹产生时总是对应较大截割力,而裂纹的扩展对应的截割力较小。试验过程截割力的变化过程不包含本阶段的原因是岩板含有的自然形成的裂纹使岩板断裂迅速。

4.2.2 岩板宽度对岩板破碎特性的影响

三边约束岩板在左右两侧均有固定约束,对于两邻边约束岩板只保留有一侧约束,其破碎结果与三边约束岩板的存在很大不同。厚度为 20 mm,高度为 160 mm 的岩板在不同宽度下岩板的数值模拟结果如图 4-24 所示。由图 4-24 可以看出,宽度为 60 mm 时其破碎结果与其他 3 种宽度时的明显不同,主要表现为其主裂纹并没有贯穿岩板 y 向的中线。在宽度分别为120 mm、200 mm 和 400 mm 时主裂纹都将岩板分割成了左右两部分。从断裂的区域上分析,宽度为 200 mm 和 400 mm 的岩板基本上是整体断裂,宽度为 60 mm 和 120 mm 的岩板有部分区域没有产生断裂,未断裂区域大约占岩板整体的 1/4,说明较大的宽度对岩板的破碎更加有利。主裂纹右侧岩板沿下固定边界断裂,形成了较大的碎块,这与试验结果是相同的。

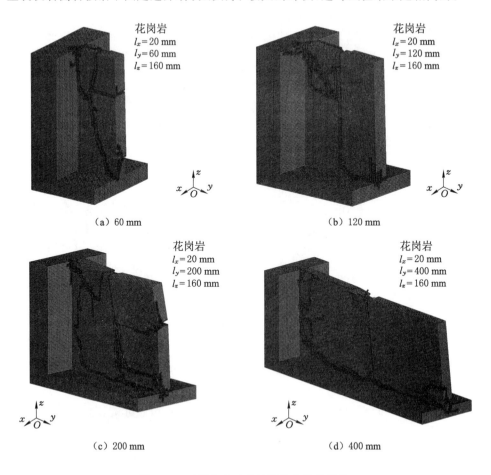

图 4-24 不同宽度下岩板的数值模拟结果

由理论分析可知,当宽度较小时,岩板不能完全断裂的主要原因是截割力对左固定边界产生的弯矩由上自下的变化幅度较大。角点处断裂后,由于在较大截割力作用下岩板产生较大内力,裂纹向岩板内侧扩展,此裂纹与主裂纹相交后,使左下侧岩板不再受力和断裂。右侧岩板沿固定边界整体断裂是由于右侧岩板没有左右方向的约束,在岩板高度方向上,最下端产生的弯矩最大。

4 种不同性质岩石的峰值截割力在不同高度下随岩板宽度变化的规律如图 4-25 所示。由图 4-25 可以看出,对于不同性质岩石,其峰值截割力随岩板宽度变化的规律相同。当岩板高度较小时,峰值截割力随岩板宽度变化的幅度较小;当岩板高度较大时,峰值截割力随岩板宽度的增大变化明显,先是随宽度的增加大幅降低,再随宽度的增加小幅降低,之后随宽度的增加保持稳定。

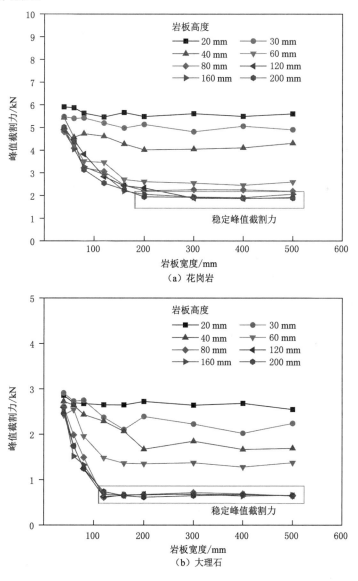

图 4-25 峰值截割力随岩板宽度变化的规律

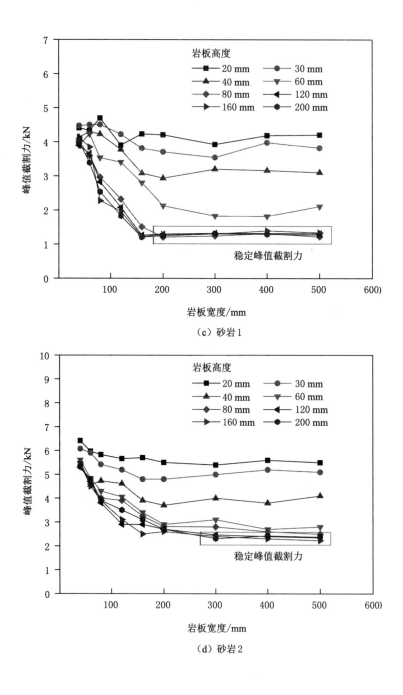

（c）砂岩1

（d）砂岩2

图 4-25（续）

　　由图 4-25 可以看出,不同性质的岩石在两邻边约束时的稳定峰值截割力及其对应的岩板尺寸范围均不相同。在厚度为 20 mm 时,不同性质岩石稳定峰值截割力及其对应的最小岩板高度和宽度如表 4-6所示,抗压强度最小的大理石稳定峰值截割力大小为0.7 kN,对应的最小岩板高度为 80 mm,最小岩板宽度为 120 mm,小于三边约束岩板对应的宽度160 mm;花岗岩

的稳定峰值截割力为 1.9 kN,对应的最小岩板宽度为 120 mm,小于三边约束岩板的 160 mm
宽度;砂岩 1 稳定峰值截割力为 1.3 kN,对应最小岩板高度为 80 mm,小于三边约束岩板的
120 mm 高度。说明两邻边约束岩板在较小尺寸时即可达到截割力稳定状态,同时其稳定峰
值截割力小于三边约束相同厚度岩板的稳定峰值截割力。所以对三边约束岩板在产生部分
断裂后所形成的两邻边约束岩板再次进行截割时,其峰值截割力会显著降低。

表 4-6　不同性质岩石稳定峰值截割力及其对应的最小岩板高度和宽度

岩　石	大理石	花岗岩	砂岩 1	砂岩 2
最小岩板高度/mm	80	120	80	120
最小岩板宽度/mm	120	300	200	300
稳定峰值截割力/kN	0.7	1.9	1.3	2.3

　　4 种岩石在岩板高度为 200 mm,厚度为 20 mm 时的峰值截割力与岩板宽度的拟合关
系曲线如图 4-26 所示。由该拟合关系曲线可以看出,4 种岩石峰值截割力随岩板宽度变化
的规律相同,均是随岩板宽度的增大先减小之后趋于稳定,说明岩板宽度对于不同性质岩石
的影响具有普遍性。由相应拟合关系式(表 4-7)可知,峰值截割力与岩板宽度之间存在指
数负相关关系,其拟合相关系数均在 0.98 以上,说明相关性较好。拟合所采用的数据量较
大,所以统计量 P 值都远小于 0.01,拟合结果可信。

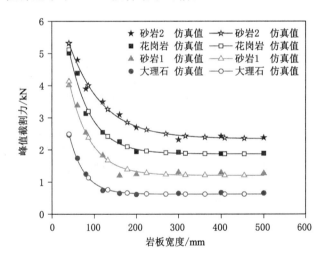

图 4-26　不同性质岩板的峰值截割力与岩板宽度的拟合关系曲线

表 4-7　岩板峰值截割力 y 和岩板宽度 x 之间的拟合关系

岩　石	拟合公式	R	F 值	P 值	相关性
大理石	$y=0.625\,19+5.754\,81\exp(-0.028\,20x)$	0.996 75	1 604	7×10^{-9}	指数-负
砂岩 1	$y=1.205\,63+6.487\,36\exp(-0.019\,88x)$	0.988 20	570	1×10^{-7}	指数-负
花岗岩	$y=1.872\,45+7.048\,03\exp(-0.019\,39x)$	0.989 48	924	3×10^{-8}	指数-负
砂岩 2	$y=2.339\,79+4.963\,24\exp(-0.012\,70x)$	0.991 77	1 897	4×10^{-9}	指数-负

4.2.3 岩板高度对岩石破碎特性的影响

厚度为 20 mm,宽度为 400 mm 的岩板在高度分别为 20 mm、40 mm、80 mm 和 160 mm 时的截割结果如图 4-27 所示。当高度为 20 mm 时岩板中间部分区域断裂,形成的破碎岩板块度也相对较小。当岩板高度增大到 40 mm 时,岩板开始产生整体断裂,但仍有少量碎块。当岩板高度增大到 80 mm 时,岩板断裂结果理想。说明较大岩板高度更有利于提高截割效率,在巷道掘进中,由锯片形成的切槽不宜太浅。对比图 4-27 中的(c)和(d)可以看出,在高度分别为 80 mm 和 160 mm 时的截割结果基本相同,即在岩板高度较大时岩板具有相同的断裂形态。

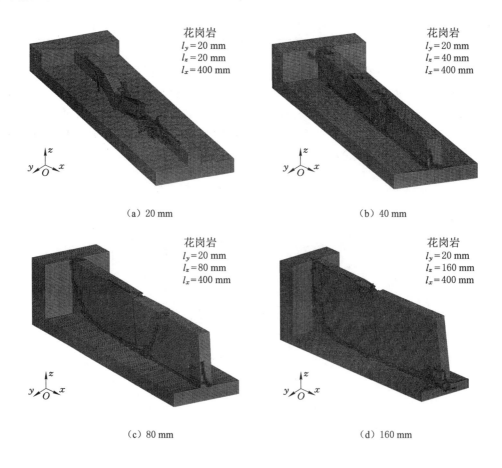

(a) 20 mm

(b) 40 mm

(c) 80 mm

(d) 160 mm

图 4-27 不同高度条件下岩板的截割结果

岩板在不同高度时均从底部产生了断裂,由理论分析可知,截齿作用位置到底边的距离就是产生的弯矩。高度越大,截割力对应的弯矩越大,产生的内力越大,所以高度越大破碎同样厚度的岩板所需的截割力越小,高度越小需要的截割力越大。从截割块度和截割力两个方面考虑,都应该锯切形成高度较大的岩板。

4 种不同性质的岩石在不同宽度下峰值截割力随岩板高度变化的规律如图 4-28 所示。岩板宽度越大,4 种岩板峰值截割力变化范围越大;岩板宽度越小,4 种岩板峰值截割力变化范围越小。当岩板宽度为 40 mm 时，它们的峰值截割力的最大值与最小值相差不大；当宽度增大到 60 mm 时，它们的峰值截割力最大值与最小值开始出现明显差别。由图 4-28 同样可以得到稳定峰值截割力对应的岩板最小宽度和高度，其结果和上一节中得到的结果相同。

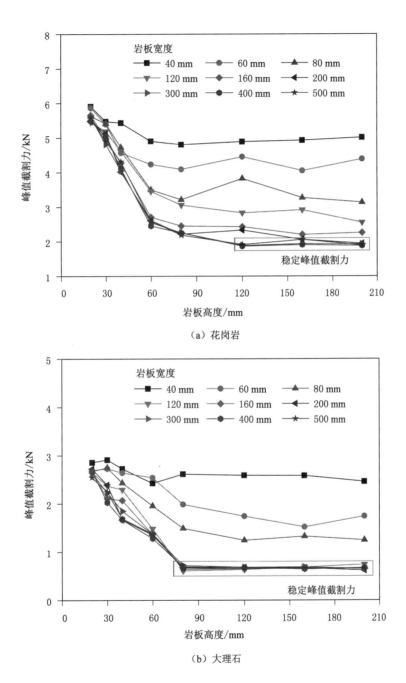

图 4-28　峰值作用力随岩板高度变化的规律

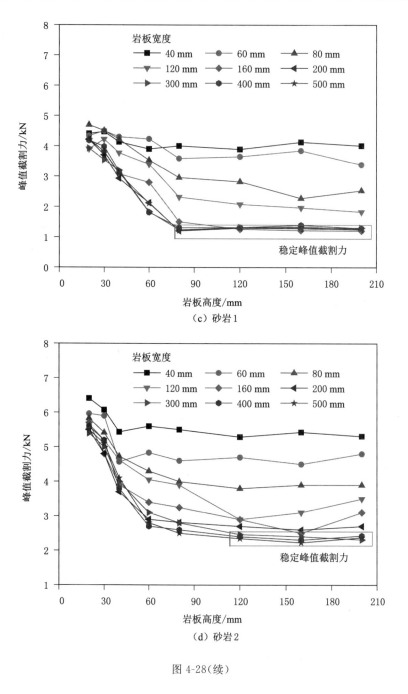

（c）砂岩1

（d）砂岩2

图 4-28（续）

　　宽度为 500 mm,厚度为 20 mm 的两邻边约束岩板的峰值截割力与岩板高度的拟合曲线如图 4-29 所示,峰值截割力随岩板高度的增加先减小后稳定。截齿截割大理石过程中的峰值截割力最小,截割砂岩2过程中的峰值截割力最大,其大小与岩石的抗压强度呈正相关关系。其峰值截割力与岩板高度的拟合结果如表 4-8 所示,两者之间存在指数负相关的关系,最小拟合相关系数大于 0.97,说明相关性较好。

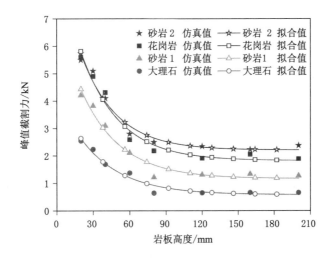

图 4-29　不同性质岩板的峰值作用力与岩板高度的拟合曲线

表 4-8　岩板高度 x 和峰值截割力 y 的拟合

岩　石	拟合公式	R	F 值	P 值	相关性
大理石	$y=0.576\,60+3.738\,36\exp(-0.029\,74x)$	0.996 63	208	1×10^{-5}	指数-负
砂岩 1	$y=1.161\,95+6.080\,36\exp(-0.031\,04x)$	0.974 68	227	1×10^{-5}	指数-负
花岗岩	$y=1.818\,97+7.601\,39\exp(-0.032\,16x)$	0.980 95	374	4×10^{-6}	指数-负
砂岩 2	$y=2.208\,64+7.061\,99\exp(-0.034\,59x)$	0.979 43	472	2×10^{-6}	指数-负

4.2.4　截割角度对岩板破碎特性的影响

两邻边约束岩板与三边约束岩板相比,最大的不同在于两邻边约束岩板缺少一条固定边界,岩板不再左右对称,影响岩板弯矩的分布。

宽度为 500 mm,高度为 200 mm,厚度为 20 mm 的岩板在不同截割角度下的截割结果如图 4-30 所示。当截割角度为 -5°和 -15°时截割结果基本相同,均产生一条贯穿岩板上下方向的主裂纹,并在固定边界上发生断裂。当截割角度为 30°和 -30°时,岩板的破碎形态具有一定的随机性,断裂的形态变化很大,断裂后形成的碎块数增多。当截割角度为 -30°时,由于岩板左侧受力较大,岩板沿固定边界断裂。当截割角度为 30°时,由于主裂纹右侧岩板受力较大以及力的方向与岩板不垂直,主裂纹右侧岩板的破碎形态不再是一个完整岩板,产生了很多碎块;主裂纹左侧岩板由于受到的截割力较小,其断裂面积较小,断裂位置不再沿固定边界分布。

峰值截割力随截割角度变化的规律如图 4-31 所示,当截割角度 θ 为负值时,在 0°至 -10°范围内峰值截割力呈现上升的趋势,在 -10°至 -30°范围内峰值截割力呈现下降趋势,在 -10°时峰值截割力达到最大值。

当截割角度 θ 为正值时,在 0°至 10°的范围内峰值截割力呈现上升趋势,在 10°至 30°范围内峰值截割力呈现下降趋势。所以对于宽度为 500 mm,高度为 200 mm 的岩板,截割角度对峰值截割力的影响基本对称,在角度为 -10°和 10°时分别有一个波峰。

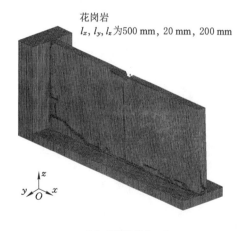

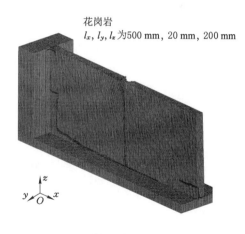

（a）截割角度为-5°　　　　　　　　　　（b）截割角度为-15°

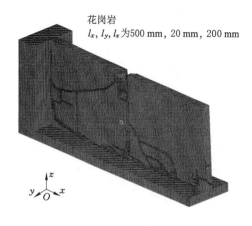

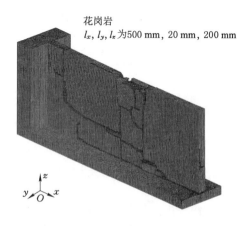

（c）截割角度为30°　　　　　　　　　　（d）截割角度为-30°

图 4-30　不同截割角度下岩板的截割结果

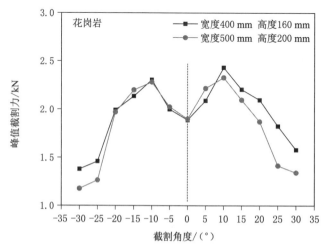

图 4-31　峰值截割力随截割角度变化的规律

4.2.5　围压对岩板破碎特性的影响

图 4-5(c)给出了三边约束岩板的围压施加方式,对于两邻边约束岩板,需将该模型右侧基岩及相应围压去除。厚度为 20 mm,宽度为 500 mm,高度为 200 mm 的岩板在 2 MPa 和 5 MPa 围压下的截割结果如图 4-32 所示。

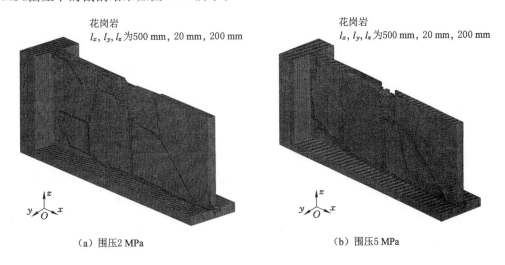

（a）围压2 MPa　　　　　　　　　　（b）围压5 MPa

图 4-32　不同围压下岩板的截割结果

由图 4-32 可以看出,主裂纹左侧岩板断裂位置不再产生于固定边界处,同时整个岩板的破碎块数更多,说明对于两邻边约束岩板围压对其形态具有很大影响。当围压增大到 5 MPa 时,其截割结果与围压为 2 MPa 时的相似,截割形成的碎块仍然较多,所以围压增大使截齿截割形成的岩板块度更小。

峰值截割力随围压变化的规律(含两者拟合曲线)如图 4-33 所示。由图 4-33 可以看出,其变化规律和三边约束岩板的相同,均是随围压的增大先增大后减小。表 4-9 给出了峰

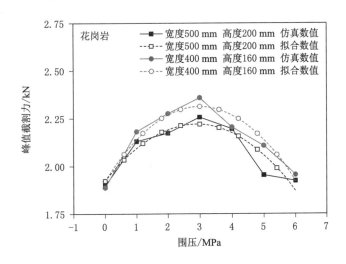

图 4-33　峰值截割力随围压变化的规律(含两者拟合曲线)

值截割力和围压之间的拟合公式,两者之间存在二次函数关系。最小相关系数为 0.8,说明其相关性较好;统计最大 P 值为 0.020,说明拟合结果可靠。

表 4-9　围压 x 和峰值截割力 y 之间的拟合结果

岩板宽度/mm	拟合公式	R	F 值	P 值	相关性
400	$y=1.922\ 03+0.261\ 25x-0.043\ 64x^2$	0.948 42	28	0.005	二次函数
500	$y=1.922\ 42+0.207\ 31x-0.036\ 06x^2$	0.890 06	12	0.020	二次函数

4.2.6　截割位置对岩板破碎特性的影响

在截割位置为 $1/8l_x$ 和 $7/8l_x$ 时截割岩板的结果如图 4-34 所示。当截割位置为 $1/8l_x$ 时,岩板在截割位置处破碎比较严重,其他位置的岩板同时产生了断裂[图 4-34(a)],这与三边约束岩板仅在截割位置附近断裂的截割结果是明显不同的。当截割位置为 $7/8l_x$ 时,其截割结果如图 4-34(b)所示,在截割位置处岩板产生了断裂,但是在岩板左端,虽有裂纹形成却没有断裂。所以对于两邻边约束岩板,当截割位置离固定边界较远时不利于断裂。当截割位置离固定边界较近时,同样不利于岩板断裂,但其断裂区域比三边约束岩板时的断裂区域大。所以在截齿截割过程中,为提高截割效率应尽量避免截割位置离固定边界的距离太大。

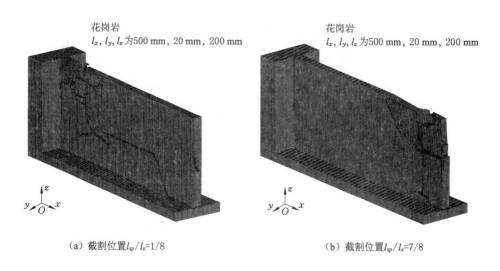

（a）截割位置l_{xp}/l_x=1/8　　　　　　　　（b）截割位置l_{xp}/l_x=7/8

图 4-34　不同截割位置时岩板的截割结果

峰值截割力随截割位置的变化规律如图 4-35 所示。当截割位置在 $1/8l_x$ 和 $3/4l_x$ 之间时,峰值截割力随截齿与固定边距离的增加而降低;当截割位置达到 $3/4l_x$ 以后,峰值截割力开始稳定。对于宽度为 500 mm 的岩板,在截割位置为 $1/8l_x$ 时得到最大截割力 2.2 kN,在截割位置为 $3/4l_x$ 至 l_x 时取得最小值 1.6 kN,最大值与最小值相差 0.6 kN。对于宽度为 400 mm 的岩板,其最大峰值截割力与最小峰值截割力仍然相差 0.6 kN。这说明峰值截割力虽然有随截齿与固定边距离的增大而降低,但是数值变化幅度较小。综上所述,峰值截割力随截齿与固定边距离的增加先降低,后趋于稳定。

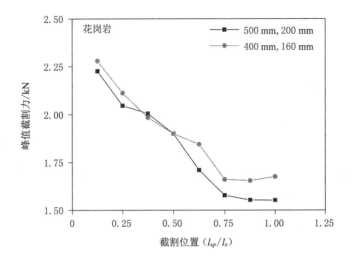

图 4-35　峰值截割力随截割位置变化的规律

4.3　一边约束岩板截割破碎数值模拟

4.3.1　岩板宽度对岩板破碎特性的影响

　　花岗岩在 4 种不同宽度下岩板的数值模拟结果如图 4-36 所示,在截割宽度为 60 mm 和 80 mm 时岩板截割结果表现为整体断裂,在截割宽度为 200 mm 和 400 mm 时岩板沿主裂纹断裂为两部分,不同宽度下的岩板断裂位置均沿固定边界。数值模拟结果和试验结果基本相同,从而验证了数值模拟的正确性。由此可以看出,当岩板宽度较小时岩板容易产生整体断裂;当岩板宽度较大时岩板容易断裂为两部分。

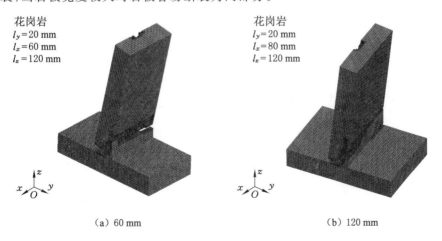

(a) 60 mm　　　　　　　　　　　　(b) 120 mm

图 4-36　不同宽度下岩板的数值模拟结果

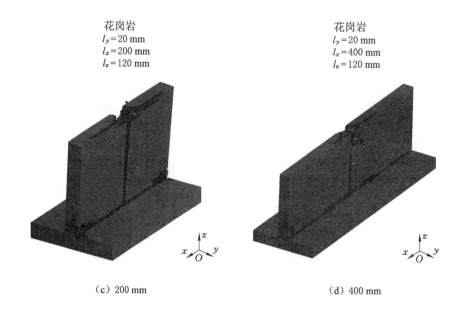

花岗岩
$l_y = 20$ mm
$l_x = 200$ mm
$l_z = 120$ mm

花岗岩
$l_y = 20$ mm
$l_x = 400$ mm
$l_z = 120$ mm

（c）200 mm   （d）400 mm

图 4-36（续）

　　花岗岩在 4 种不同高度下,峰值截割力随岩板宽度变化的规律及两者拟合曲线分别如图 4-37 和图 4-38 所示,由此可以看出,峰值截割力随岩板宽度的增加而显著增加。在较小的岩板宽度下,峰值截割力增加幅度较大;在较大的岩板宽度下,峰值截割力增加幅度较小。在宽度增加到 500 mm 时,截割力虽有上升趋势,但是数值变化不大。两者之间拟合结果如表 4-10 所示,岩板宽度和峰值截割力之间存在指数正相关关系。

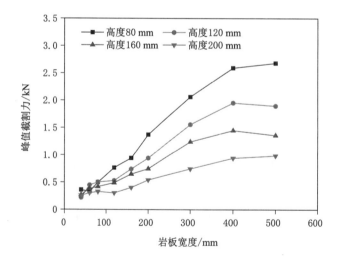

图 4-37　峰值截割力随宽度变化的规律

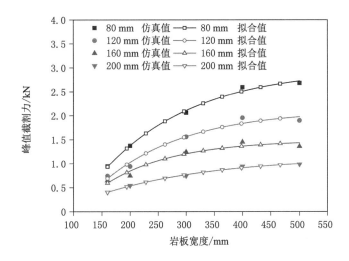

图 4-38　峰值截割力与岩板宽度的拟合曲线

表 4-10　峰值截割力 y 和岩板宽度 x 之间的拟合结果

岩板宽度/mm	拟合公式	R	F 值	P 值	相关性
80	$y = 2.986\,81 - 5.419\,59\exp(-0.006\,07x)$	0.994 98	1 207	8.3×10^{-4}	指数-正
120	$y = 2.121\,89 - 4.193\,85\exp(-0.006\,71x)$	0.975 16	250	4.0×10^{-3}	指数-正
160	$y = 1.487\,16 - 3.342\,08\exp(-0.008\,25x)$	0.948 92	160	6.2×10^{-3}	指数-正
200	$y = 1.133\,30 - 1.611\,65\exp(-0.004\,95x)$	0.993 30	1 132	8.8×10^{-4}	指数-正

4.3.2　岩板高度对岩板破碎特性的影响

岩板分别在高度为 20 mm 和 40 mm 时的数值模拟结果如图 4-39 所示。当岩板高度为 20 mm 时,中间区域岩板产生断裂,两侧岩板未破碎;当岩板高度为 40 mm 时,岩板整体断裂为两部分。即岩板高度较大时岩板更容易断裂。

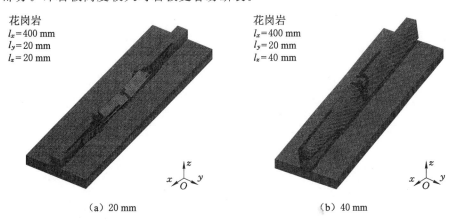

（a）20 mm　　　　　　　　　　　　（b）40 mm

图 4-39　不同高度下岩板的数值模拟结果

峰值截割力随岩板高度变化的规律及两者之间的拟合曲线如图 4-40 和图 4-41 所示，峰值截割力在不同宽度下随岩板高度的增大逐渐降低。由该拟合曲线可知，峰值截割力与岩板高度之间存在线性负相关（表 4-11）关系。

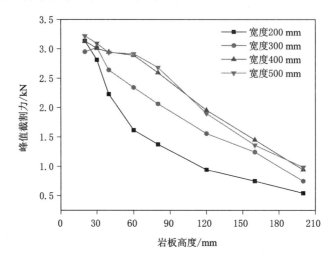

图 4-40　峰值截割力随高度变化的规律

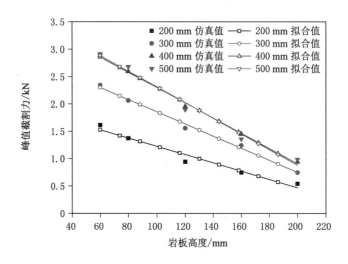

图 4-41　岩板高度与峰值截割力的拟合曲线

表 4-11　峰值截割力 y 和岩板高度 x 之间的拟合结果

岩板高度/mm	拟合公式	R	F 值	P 值	相关性
200	$y=1.983\,40-0.007\,58x$	0.973 37	73	3.3×10^{-3}	线性-负
300	$y=2.965\,67-0.011\,10x$	0.995 59	451	2.3×10^{-4}	线性-负
400	$y=3.695\,52-0.013\,96x$	0.998 11	1 058	6.4×10^{-5}	线性-负
500	$y=3.746\,85-0.014\,35x$	0.989 29	184	8.6×10^{-4}	线性-负

表 4-11 给出了峰值截割力和岩板高度之间的拟合结果,在 200 mm 至 500 mm 的宽度范围内,直线斜率的依次增大说明,岩板宽度越大峰值截割力下降幅度越大。岩板宽度与峰值截割力最小线性相关系数为 0.947 44,说明线性相关性较好,数值模拟拟合结果和试验拟合结果相同。

4.3.3　截割角度对岩板破碎特性的影响

当截割角度为 0°时,一边约束岩板整体断裂成一块或两块岩板。宽度为 400 mm、高度为 160 mm、厚度为 20 mm 的花岗岩在截割角度为 10°和 30°时的数值模拟结果如图 4-42 所示。由图 4-42 可以看出,在截割角度不为 0 时,花岗岩的破碎结果和截割角度为 0°时的相同,说明截割角度对岩板破碎结果的影响不大。

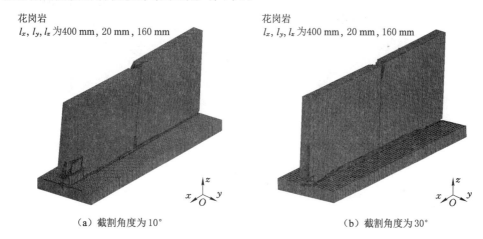

花岗岩
l_x, l_y, l_z 为400 mm, 20 mm, 160 mm

花岗岩
l_x, l_y, l_z 为400 mm, 20 mm, 160 mm

（a）截割角度为 10°　　　　　　　　（b）截割角度为 30°

图 4-42　不同截割角度下岩板的数值模拟结果

峰值截割力随截割角度变化的规律如图 4-43 所示。当截割角度为 5°时峰值截割力达到最大值,超过 5°后峰值截割力开始下降,在截割角度达到 20°后峰值截割力开始保持稳定,所以峰值截割力随截割角度的增大呈现先增大后减小再趋于稳定的变化规律。

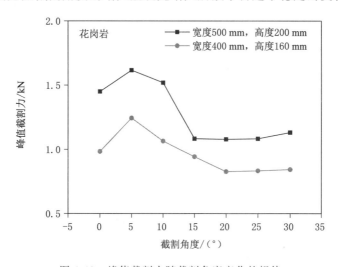

图 4-43　峰值截割力随截割角度变化的规律

4.3.4 截割位置对岩板破碎特性的影响

截割位置（截齿离约束边距离）为 $1/8l_x$ 和 $1/4l_x$ 时的截割结果如图 4-44 所示。当截割位置为 $1/8l_x$ 时岩板部分区域产生断裂，其他区域岩板未断裂，相比三边约束和两邻边约束岩板在 $1/8l_x$ 条件下的截割结果，一边约束岩板的断裂区域范围更大。当截割位置为 $1/4l_x$ 时岩板沿底部断裂，并且在截齿附近区域形成破碎。说明对于一边约束岩板，截割位置对截割结果仍然具有一定影响。

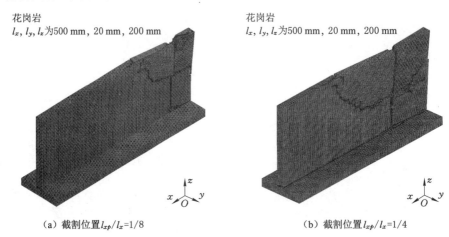

花岗岩
l_x, l_y, l_z 为500 mm, 20 mm, 200 mm
花岗岩
l_x, l_y, l_z 为500 mm, 20 mm, 200 mm

（a）截割位置 l_{xp}/l_x=1/8   （b）截割位置 l_{xp}/l_x=1/4

图 4-44　不同截割位置条件下岩板的截割结果

一边约束岩板峰值截割力随截割位置变化的规律如图 4-45 所示，峰值截割力随截齿离约束边距离的增大而有增大趋势，但是从数值上分析，其截割力的数值变化幅度很小，宽度为 500 mm 的岩板与宽度为 400 mm 的岩板在不同截割位置条件下最大与最小峰值截割力分别相差 0.28 kN 和 0.33 kN。峰值截割力随截割位置的变化规律与三边约束岩板及两邻边约束岩板的不同，后两者均随截齿离约束边距离的增大而减小。

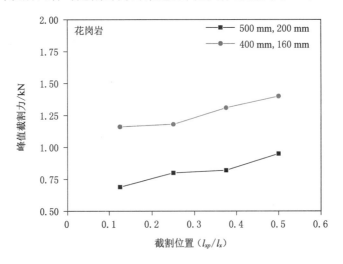

图 4-45　峰值截割力随截割位置变化的规律

4.4　三种约束条件峰值截割力对比

　　本节主要对三边约束、两邻边约束和一边约束条件下的岩板截割破碎过程进行研究,三种情况下由于约束条件的不同,相同尺寸岩板破碎需要的截割力不相同,同一种岩板在不同截割条件下的截割力也不相同。试验中在相同截割参数下,三种约束条件下岩板的峰值截割力对比如图 4-46 所示。

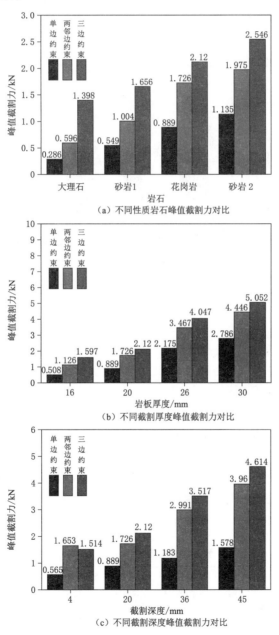

图 4-46　三种约束条件下岩板的峰值截割力对比

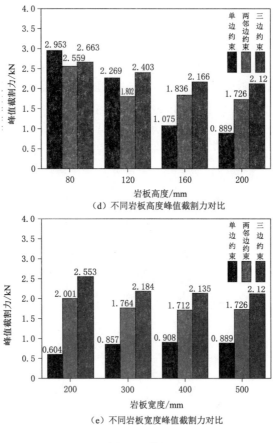

图 4-46（续）

从图 4-46 中可以看出，在截割参数相同的情况下，对于三种不同约束条件，截割破碎三边约束岩板所需要的峰值截割力最大，其次是两邻边约束岩板，截割破碎一边约束岩板时的峰值截割力最小。

4.5　岩板破碎截割力与传统破岩截割力对比

为对比岩板破碎截割力与传统破岩截割力的数值差异，对图 4-5 所示的截齿破岩有限元模型赋予大理石、花岗岩、砂岩 1 和砂岩 2 的抗压强度等基本参数，并在截深为 9 mm 时进行数值模拟。其破岩过程中的平均峰值截割力如表 4-12 所示。

表 4-12　数值模拟破岩过程中的平均峰值截割力

岩石	大理石	花岗岩	砂岩 1	砂岩 2
平均峰值截割力/kN	6.1	11.4	8.7	10.8

根据数值模拟结果和试验结果之间的线性拟合公式，计算所得的此 4 种不同岩石在截深为 9 mm 时对应的传统破岩截割力如表 4-13 所示。

表 4-13　利用相关拟合公式得到的传统破岩截割力

岩石	大理石	花岗岩	砂岩 1	砂岩 2
传统破岩截割力/kN	19.1	38.2	28.5	36.1

在三种不同约束情况下,三边约束时岩板的稳定峰值截割力最大。当截割厚度为 20 mm 时,其稳定峰值截割力如表 4-6 所示,其中大理石为 0.7 kN,花岗岩为 1.9 kN,砂岩 1 为 1.3 kN,砂岩 2 为 2.3 kN。岩板在 20 mm 厚度下的稳定峰值截割力(岩板破碎截割力)与传统破岩方式截深为 9 mm 时的截割力对比如图 4-47 所示。从图 4-47 中可以看出,两者截割力差异显著,传统破岩截割力明显大于岩板破碎截割力。

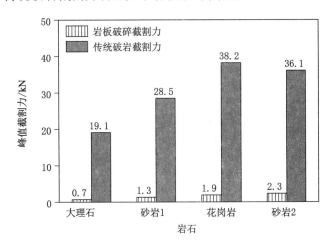

图 4-47　不同性质岩板破碎截割力与传统破岩截割力对比

利用图 4-47 中花岗岩岩板厚度与峰值截割力的拟合公式可求得在花岗岩岩板厚度为 10 mm、40 mm 和 50 mm 时,其破碎峰值截割力分别为 0.9 kN、11.6 kN 和 24.5 kN。不同厚度花岗岩岩板破碎峰值截割力与花岗岩在传统破岩截深为 9 mm 时的截割力对比如图 4-48 所示。由图 4-48 可以看出,当岩板厚度为 50 mm 时,其破碎所需截割力仍然明显小于传统破岩截割力。

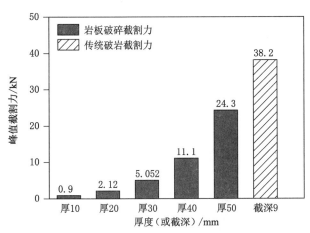

图 4-48　不同厚度花岗岩岩板破碎截割力与传统破岩截割力对比

需要指出的是,峰值截割力随厚度变化的规律并非始终呈现指数关系。当岩板的厚度增大到截齿不能使其一次性截割断裂时,其截割力与传统破岩方式的截割力相同。

总而言之,锯片-截齿联合破岩方法可明显降低截齿截割力,提高掘进机的掘进性能和巷道掘进效率,有效解决现有掘进机截割硬质岩石截割磨损率高的问题,对硬质岩岩巷的掘进具有重要意义。

参考文献

[1] SCHWEIZERHOF K. Crashworthiness analysis in the automotive industry [J]. International journal of computer applications in technology,1992,5(2/3/4): 134-156.

[2] HOLMQUIST T J,JOHNSON G R. A computational constitutive model for glass subjected to large strains,high strain rates and high pressures[J]. Journal of applied mechanics,2011,78(5):051003.

[3] JOHNSON G R,COOK W H. Fracture characteristics of three metals subjected to various strains, strain rates, temperatures and pressures[J]. Engineering fracture mechanics,1985,21(1):31-48.

第 5 章　基于损伤模型的截齿破岩力学特性和疲劳寿命分析

5.1　截齿破碎板状岩体力学特性及疲劳寿命分析

　　锯片对岩石进行切割形成切缝,使原有连续岩体变为非连续岩体,相邻切缝之间的岩体呈板状。为研究岩板(板状岩体)结构参数对截齿截割破碎岩板的影响,可建立不同结构参数的板状岩体数值模型。另外,该模型还可分析截齿疲劳寿命。

5.1.1　截齿截割板状岩体模型建立

　　将 Solidworks 建立的三维模型导入 ANSYS/LS-DYNA 以建立数值模型,建立 30 mm×200 mm×400 mm 的板状岩体。在 ANSYS/LS-DYNA 中用 MESH_TOOL 对板状岩体和截齿进行网格划分。对板状岩体下表面添加全约束;在左右表面添加 x 轴方向的位移约束;在前后表面添加 y 轴方向的位移约束。为用小模型模拟自然界大岩体,给板状岩体的约束面添加了非边界反射条件,即定义板状岩体与截齿接触类型为面面侵蚀接触。定义板状岩体材料为 RHT,定义截齿材料为 PLASTIC_KINEMATIC。给截齿施加沿 z 轴方向的位移载荷,当板状岩体尺寸为 30 mm×200 mm×400 mm 时,截齿截割板状岩体数值模型如图 5-1 所示。

图 5-1　截齿截割板状岩体数值模型

(岩板尺寸为 30 mm×200 mm×400 mm)

5.1.2　截齿截割板状岩体模型效验

依托图 3-1 所示的岩板截割试验台可开展截齿破岩试验。截齿以 1 m/s 的截割速度和 45°的截割角度截割单边约束 400 mm×160 mm×30 mm 的板状岩体。建立截齿截割单边约束的板状岩体数值模型,数值模型以 SOLID164(单元大小为 1 mm)对截齿截割单边约束板状岩体进行网格划分,对单边约束板状岩体下边界添加约束,并在板状岩体的基座处添加非边界反射条件,定义截齿与板状岩体接触类型为面面侵蚀接触,定义截齿沿 z 轴负向做匀速直线运动。

截齿截割单边约束板状岩体试验和数值模拟结果如图 5-2,其截割力曲线如图 5-3 所示。截齿截割板状岩体试验中薄板沿固定边沿位置断裂,效果如图 5-2(a)所示。数值模拟结果中单边约束板状岩体从约束边的连接处断裂,其效果如图 5-2(b)所示。试验和数值模拟的断裂情况基本相似。

（a）试验结果　　　　　　　　　（b）数值模拟结果

图 5-2　截齿截割单边约束板状岩体试验和数值模拟结果

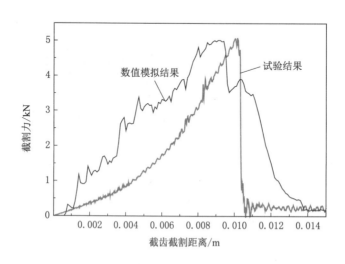

图 5-3　截齿截割单边约束板状岩体的截割力曲线

截齿截割单边约束岩体的截割力曲线如图 5-3 所示。截齿截割力到达峰值时,试验中的岩板断裂,试验结果中截割力曲线的峰值截割力为 5.08 kN,数值模结果中截割力曲线的

峰值截割力为 5.01 kN,数值模拟峰值截割力与试验峰值截割力的误差为 0.013 97(小于
0.05),所以数值模型是准确可靠的。

5.1.3　板状岩体尺寸参数对截齿力学特性的影响

为研究板状岩体的结构尺寸对截齿截割性能的影响,建立不同结构尺寸的板状岩体数
值模型探究板状岩体高度、宽度和截割位置对截齿截割性能的影响。

5.1.3.1　板状岩体厚度对截齿力学特性的影响

截齿截割岩板的宽度为 400 mm,高度为 200 mm,厚度分别为 12 mm、18 mm、24 mm
和 30 mm。截齿截割不同厚度的板状岩体截割力曲线如图 5-4 所示。截齿以恒定的进给速
度截割板状岩体,由于板状岩体和截齿在相互接触过程中两者均有一定程度的变形,所以在
截齿接触岩体的瞬间,截齿截割力有瞬间增大的过程,然后截齿截割力呈波动上升的趋势,
截齿截割力与板状岩石的厚度关系密切,截齿截割板状岩体峰值截割力随板状岩体厚度的
增大而增大。

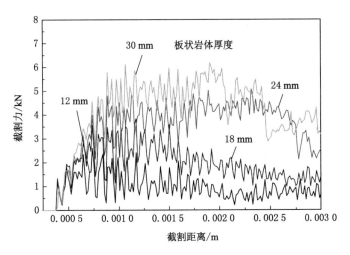

图 5-4　截齿截割不同厚度板状岩体截割力曲线

截齿截割板状岩体的峰值截割力随板状岩体厚度的增加而增大。当板状岩体厚度为
12 mm 时,板状岩体峰值截割力为 2.60 kN;当板状岩体厚度增加到 30 mm 时,截齿截割板
状岩体峰值截割力增加到 6.14 kN。截齿截割不同厚度板状岩体的峰值截割力如表 5-1 所
示,截齿峰值截割力随板状岩体厚度的增大呈明显的增大趋势。对峰值截割力与板状岩体
厚度进行曲线拟合,结果如图 5-6 所示。拟合方程为 $y=0.192\,5x+0.31$,R 为 0.996 71,误
差为 0.014 67(小于 0.05),拟合方程是准确的。即截齿截割不同厚度板状岩体的峰值截割
力与板状岩体厚度呈线性关系。

表 5-1　截齿截割不同厚度板状岩体的峰值截割力

板状岩体厚度/mm	12	18	24	30
峰值截割力/kN	2.60	3.87	4.80	6.14

截齿截割不同厚度板状岩体的截齿应力云图如图 5-6 所示,截齿云图与板状岩体厚度的关系密切。截齿应力云出现在截齿与板状岩体接触区域并向外扩展,截齿应力峰值出现在截齿主要截割位置。板状岩体的厚度对截齿应力影响较大。当板状岩体厚度为 12 mm 时,截齿峰值应力为 1.10×10^3 MPa;当板状岩体厚度增大到 30 mm 时,截齿应力云图的峰值应力为 1.49×10^3 MPa。截齿应力云图的范围随板状岩体厚度的增加呈明显的正相关关系,并且峰值应力也与其呈正相关关系。

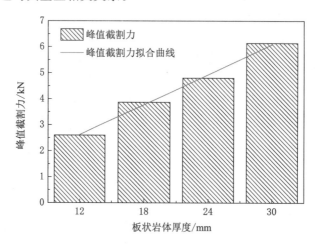

图 5-5　截齿截割板状岩体峰值截割力与厚度的关系

（a）岩板高度12 mm　　（b）岩板高度18 mm　　（c）岩板高度24 mm　　（d）岩板高度30 mm

图 5-6　截齿截割不同厚度板状岩体的截齿应力云图[图例由(a)~(d)共用]

当截齿截割不同厚度板状岩体时,其截齿峰值应力如表 5-2 所示。截齿的峰值应力与板状岩体厚度呈正相关关系,对截齿峰值应力与板状岩体厚度进行曲线拟合,其拟合结果如图 5-7所示。截齿的峰值应力与板状岩体厚度拟合方程为 $y = 2\,183x + 82.4$,R 为 0.994 17,误差为 0.000 10(小于 0.05),可以认为该曲线拟合方程精度准确。

表 5-2　截齿截割不同厚度板状岩体的截齿峰值应力

板状岩体厚度/mm	12	18	24	30
截齿峰值应力/MPa	1.10×10^3	1.20×10^3	1.34×10^3	1.49×10^3

5.1.3.2　板状岩体高度对截齿力学特性的影响

截齿截割不同高度的板状岩体,板状岩体的宽度为400 mm,板状岩体的厚度为30 mm,

其高度分别为 80 mm、120 mm、160 mm 和 200 mm,截齿截割速度为 2 m/s。截齿截割不同高度板状岩体数值模拟结果如图 5-7 所示。不同高度板状岩体截割力曲线如图 5-8 所示,截齿截割力随板状岩体高度的增大而减小。当截齿截割不同高度板状岩体时,在截齿接触板状岩体后,截割力曲线开始上升,由于截齿的进给速度相同,所以截割力曲线增大速度相似,当截割力增大到一定值后,截割力开始下降。

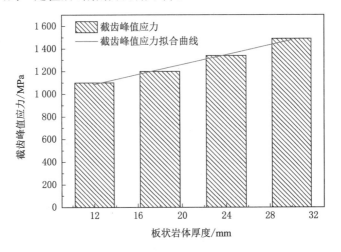

图 5-7　截齿峰值应力与板状岩体厚度关系

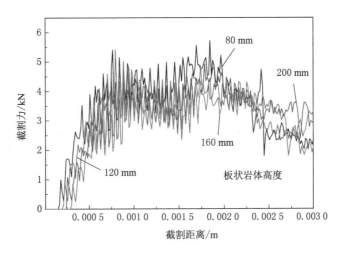

图 5-8　截齿截割不同高度板状岩体截割力曲线

　　截齿峰值截割力对截齿截割板状岩体影响较大,所以应着重研究截齿峰值截割力与板状岩体高度的关系。如图 5-9 所示,截齿峰值截割力与板状岩体高度关系密切,截齿峰值截割力随板状岩体高度的增加而减小。如表 5-3 所示,当板状岩体高度为 80 mm 时,截齿峰值截割力为 5.41 kN;当板状岩体高度增加到 200 mm 时,截齿峰值截割力下降到 4.53 kN。为便于分析截齿峰值截割力与板状岩体高度的关系,对峰值截割力与板状岩体高度进行曲线拟合,得到关系方程 $y = -0.007\,7x + 6.098$,R 为 0.979 92,F 值为 5 146,误差为0.018 4(小于 0.05),从而说明截齿峰值截割力与板状岩体高度的关系式精度是准确的。

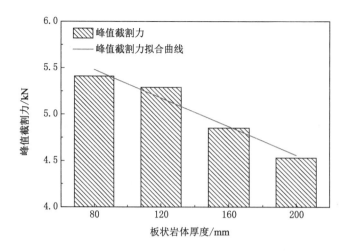

图 5-9 截齿截割峰值截割力与板状岩体高度的关系

表 5-3 截齿截割不同高度板状岩体峰值截割力

板状岩体高度/mm	80	120	160	200
截齿峰值截割力/kN	5.41	5.29	4.85	4.53

  截齿的应力与板状岩体高度关系密切,截割不同高度板状岩体的截齿应力云图如图 5-10 所示。随着板状岩体高度的增加,截齿应力云图的集中应力呈减小趋势,当板状岩体高度为 80 mm 时,截齿峰值应力为 1 400 MPa;当板状岩体高度增加到 200 mm 时,截齿峰值应力减小到 990 MPa。随着板状岩体高度的增加,截齿应力云图范围逐渐减小,并且峰值截割力也减小。

（a）岩板高度80 mm　　（b）岩板高度 120 mm　　（c）岩板高度160 mm　　（d）岩板高度200 mm

图 5-10 截齿截割不同高度板状岩体的截齿应力云图［图例由(a)～(d)共用］

  截齿应力云图与板状岩体高度关系密切(图 5-11)(表 5-4)。截齿峰值应力与板状岩体高度的拟合曲线方程为 $y=-3.575x+1\,698$,R 为 0.986 7,F 值为 3 190.3,误差为 0.003 13(小于 0.05),从而说明拟合曲线方程的精度是准确的。

表 5-4 截齿截割不同高度板状岩体的截齿峰值应力

板状岩体高度/mm	80	120	160	200
截齿峰值应力/MPa	1.4×10^3	1.3×10^3	1.1×10^3	9.9×10^3

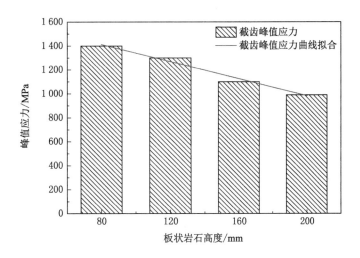

图 5-11　截齿峰值应力与板状岩体高度的关系

5.1.3.3　截齿截割位置对截齿力学特性的影响

截齿截割位置对截齿截割板状岩体的截割性能有较大影响。建立了不同截割位置的数值模型,定义了截割位置为接触点到较近边缘距离与板状岩体宽度的比值。将截齿截割位置设置为 0.20、0.30、0.40 和 0.50,相关数值模拟结果如图 5-12 所示。

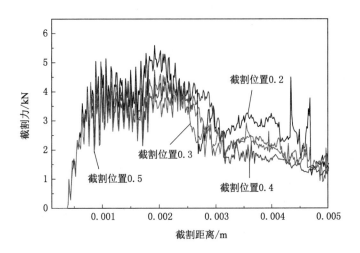

图 5-12　截齿以不同截割位置截割板状岩体的截割力曲线图

截割位置对截齿峰值截割力影响较大,其峰值截割力如表 5-5 所示,截齿峰值截割力随截割位置增大而减小。对截齿峰值截割力与截齿截割位置进行曲线拟合,其拟合结果如图 5-13 所示,截齿峰值截割力与截齿截割位置呈线性关系,曲线拟合方程为 $y = -3.11x + 6.076$,R 为 0.984 46,F 值为 370 311,误差为 0.001 84(小于 0.05),因而截齿峰值截割力与板状岩体高度关系式精度是准确的。

表 5-5　截齿以不同截割位置截割板状岩体的峰值截割力

截齿截割位置	0.2	0.3	0.4	0.5
峰值截割力/kN	5.46	5.14	4.82	4.53

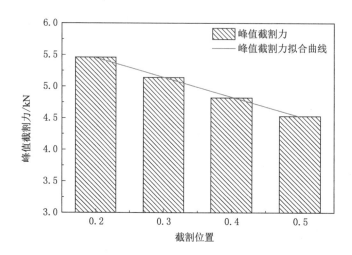

图 5-13　截齿峰值截割力与截割位置的关系

截齿以不同的截割位置截割板状岩体的截齿应力云图如图 5-14 所示。截齿应力云图随截割位置的增大，截齿应力云图面积减小，并且截齿的峰值应力也呈减小趋势（如表 5-6 所示）。也就是说，截齿截割位置越靠近板状岩体的中间位置，截齿的峰值应力越小且应力集中的面积越小；当截齿截割位置靠近中间位置时，截齿与板状岩体的接触面积减小。截齿截割位置靠近岩板中间位置时，截齿峰值应力和应力云图面积均减小，这与截齿峰值截割力随截割位置增大而减小相对应。

（a）截割位置0.2　（b）截割位置0.3　（c）截割位置0.4　（d）截割位置0.5

图 5-14　截齿以不同截割位置截割板状岩体的截齿应力云图［图例由(a)～(d)共用］

截齿峰值应力受截齿截割位置的影响较大，相关证据如表 5-6 和图 5-15 所示，峰值应力随截割位置增大而减小。截齿峰值应力与截割位置的曲线拟合结果如图 5-15 所示，拟合曲线方程为 $y=-1\,140x+1\,724$，R 为 0.991 8，F 值为 59 062.3，误差为 0.000 17（小于 0.05），因而该拟合曲线方程精度是准确的。

表 5-6　截齿截割以不同截割位置截割岩板的峰值应力

截齿截割位置	0.2	0.3	0.4	0.5
截齿峰值应力/MPa	1.49×10^3	1.39×10^3	1.27×10^3	1.15×10^3

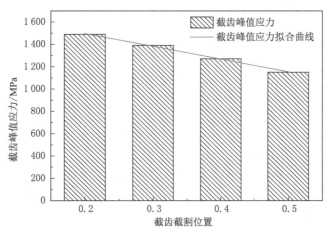

图 5-15　截齿峰值应力与截割位置的关系

5.1.4　板状岩体尺寸参数对截齿疲劳寿命的影响

基于 Workbench 建立的截齿截割板状岩体疲劳寿命数值模型,本部分研究了板状岩体的高度、厚度等主要尺寸参数以及截齿截割位置对截齿疲劳寿命的影响。

5.1.4.1　板状岩体厚度对截齿疲劳寿命的影响

通过建立截齿疲劳寿命模型可研究不同厚度板状岩体对截齿疲劳寿命的影响。在该模型中,截齿进给速度为 2 m/s,截割角度为 60°,截割位置为 0.5,截割高度为 0.2 m,岩板宽度为 400 mm,岩板厚度分别是 12 mm、18 mm、24 mm 和 30 mm。将截齿截割板状岩体的截割力数据导入该疲劳寿命数值模型,得到截齿疲劳寿命云图,其数值模拟结果如图 5-16 所示。截齿疲劳寿命与板状岩体厚度关系密切。由截齿疲劳寿命云图可以明显看出,随板状岩体厚度增加,截齿疲劳寿命云图面积显著增大。当板状岩体厚度为 12 mm 时,截齿的疲劳寿命峰值为 1.30×10^{10} 次,随着板状岩体厚度的增加截齿的疲劳寿命值明显减小。当板状岩体厚度增加到 30 mm 时,截齿疲劳寿命值下降到 4.35×10^5 次。

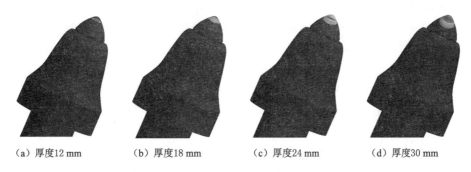

（a）厚度12 mm　　　（b）厚度18 mm　　　（c）厚度24 mm　　　（d）厚度30 mm

图 5-16　截割不同厚度板状岩体的截齿疲劳寿命云图

板状岩体厚度对截齿疲劳寿命有一定的影响,截齿峰值疲劳寿命及其与岩板厚度的关系分别如表 5-7 和图 5-17 所示。截齿峰值疲劳寿命随板状岩体厚度的增加而减小,并且截齿峰值疲劳寿命随板状岩体厚度增大的幅度较大。对截齿峰值疲劳寿命与板状岩体厚度进行曲线拟合,其拟合结果如图 5-17 所示。截齿峰值疲劳寿命与板状岩体厚度的拟合方程为 $L = \mathrm{e}^{-36\,727x^2 + 848.2x + 18.4}$,$R$ 为 $0.986\,3$,F 值为 $3.903\,2 \times 10^8$,误差为 $0.003\,58$(小于 0.05),从而说明截齿峰值疲劳寿命与板状岩体厚度的关系方程精度是准确的。

表 5-7 截割不同厚度板状岩体的截齿峰值疲劳寿命

厚度/mm	12 mm	18 mm	24 mm	30 mm
截齿峰值疲劳寿命/次	1.30×10^{10}	2.84×10^{9}	4.41×10^{7}	4.38×10^{5}

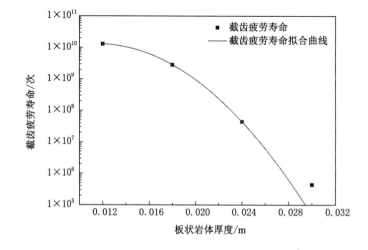

图 5-17 截齿峰值疲劳寿命与板状岩体厚度的关系

截齿峰值疲劳寿命与板状岩体厚度关系密切,同时板状岩体厚度影响截齿截割力。结合截齿疲劳寿命模型的分析原理,可以明显看出截齿峰值疲劳寿命与截齿的峰值截割力呈负相关关系,截齿的峰值截割力越大,其峰值疲劳寿命越小。

5.1.4.2 板状岩体高度对截齿疲劳寿命的影响

截齿截割模型以截割速度 2 m/s,截割角度 60°,截割位置 0.5,截割深度 10 mm,截割宽度 400 mm,高度分别为 80、120、160 和 200 mm 的板状岩体等为参数,据此可研究板状岩体高度对截齿疲劳寿命的影响。将截齿截割不同高度板状岩体的截割力数据导入截齿截割板状岩体疲劳寿命数值模型,截齿截割不同高度板状岩体的疲劳寿命云图如图 5-18 所示。截齿疲劳寿命云图随板状岩体高度变化的幅度明显。当板状岩体厚度为 80 mm 时,截齿峰值疲劳寿命为 3.91×10^5 次;当板状岩体厚度增加到 200 mm 时,截齿峰值疲劳寿命为 9.32×10^9 次。随着板状岩体高度的增加,截齿疲劳寿命云图范围明显减小,并且截齿最小疲劳寿命是明显增大的。

截齿截割不同高度板状岩体的峰值疲劳寿命如表 5-8 所示。截齿峰值疲劳寿命与板状岩体的高度呈正的相关性,即随着板状岩体高度的增加截齿峰值疲劳寿命值增大。

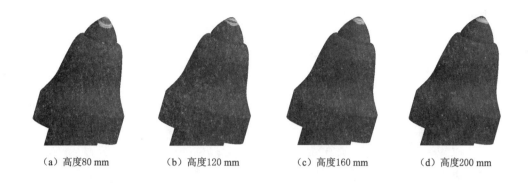

(a) 高度80 mm　　　(b) 高度120 mm　　　(c) 高度160 mm　　　(d) 高度200 mm

图 5-18　截齿截割不同高度板状岩体的疲劳寿命云图

表 5-8　截齿截割不同高度板状岩体的峰值疲劳寿命

岩板高度/m	0.08	0.12	0.16	0.20
截齿峰值疲劳寿命/次	3.91×10^5	7.19×10^7	3.63×10^8	9.32×10^9

板状岩体厚度在影响截齿截割力的同时影响截齿疲劳寿命。结合图 5-9 和图 5-19 可对截齿峰值截割力和截齿峰值疲劳寿命进行分析,发现截齿峰值截割力与截齿峰值疲劳寿命呈负相关关系。对截齿峰值疲劳寿命与板状岩体厚度进行曲线拟合,其拟合结果如图 5-19 所示,拟合曲线方程为 $L=e^{371.5x^2-52.8x+18.65}$,$R$ 为 0.973 8,F 值为 $2.883\ 9\times10^4$,该拟合曲线方程的误差为 0.004 16(小于 0.05),因而拟合曲线方程精度是可信的。截齿截割力直接影响截齿疲劳寿命,截齿峰值截割力与截齿峰值疲劳寿命关系密切。

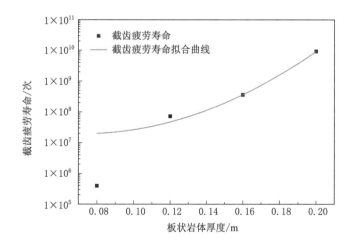

图 5-19　截齿峰值疲劳寿命值与板状岩体高度的关系

5.1.4.3　截齿截割位置对截齿疲劳寿命的影响

截齿截割板状岩体不同位置对截齿疲劳寿命有一定的影响。将截齿截割板状岩体不同位置的截割力数据导入截齿截割板状岩体疲劳寿命数值模型。其截齿疲劳寿命云图如

图 5-20 所示。由图 5-20 可以明显看出截齿的疲劳寿命受板状岩体厚度的影响较大。当板状岩体截割位置为 0.2 时，截齿的峰值疲劳寿命为 4.21×10^4 次。随截齿截割位置数值的增加，截齿的疲劳寿命值急剧增大。当截齿截割位置数值增加到 0.5 时，截齿的疲劳寿命增加到 9.32×10^9 次。随截齿截割位置数值的增大，截齿疲劳寿命云图范围减小，并且截齿疲劳寿命最小值增大。

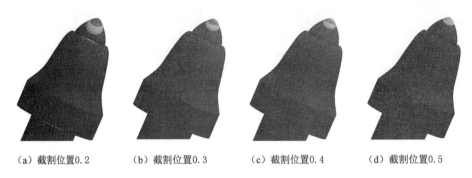

（a）截割位置0.2　　（b）截割位置0.3　　（c）截割位置0.4　　（d）截割位置0.5

图 5-20　截齿以不同的截割位置截割板状岩体的疲劳寿命云图

以不同的截割位置截割板状岩体的截齿峰值疲劳寿命如表 5-9 所示。截齿的峰值疲劳寿命值随截齿截割位置数值的增大而增大，对截齿峰值疲劳寿命与截割位置进行曲线拟合，其拟合结果如图 5-21 所示，拟合曲线方程为 $L = \mathrm{e}^{41.94x^2 + 9.18x + 0.2583}$，$R$ 为 0.9968，F 值为 1.297×10^{10}，拟合方程误差为 6.207×10^{-6}（小于 0.05），曲线拟合方程式精度准确。

表 5-9　以不同的截割位置截割板状岩体的截齿峰值疲劳寿命

截割位置	0.2	0.3	0.4	0.5
截齿峰值疲劳寿命/次	4.21×10^4	1.82×10^6	8.54×10^7	9.32×10^9

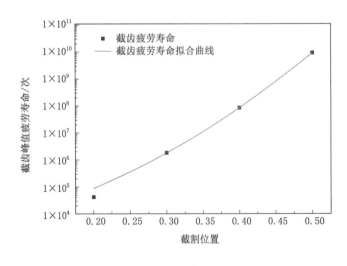

图 5-21　截齿峰值疲劳寿命与截割位置的关系

5.1.5　双截齿截割单层岩板时岩体力学特性及截齿疲劳寿命分析

5.1.5.1　双截齿间距对截齿力学特性的影响

　　在截齿破碎不同尺寸板状岩体的研究中,针对不同岩板高度、厚度和截割位置等因素对截齿截割板状岩体性能的影响进行了研究。本小节建立多截齿截割板状岩体数值模型以研究双截齿与单截齿截割单层岩板的性能差异。即对比以 2 m/s 的截割速度、60°的截割角度、截割中间位置单截齿截割单层板状岩体与以不同的截割间距双截齿截割单层板状岩体的截割力和截齿疲劳寿命等。

　　双截齿(截齿间距为 0.04 m)与单截齿截割板状岩体的截割力曲线如图 5-22 所示。由图 5-22 可以明显看出,单截齿截割板状岩体峰值截割力明显大于双截齿,双截齿截割板状岩体的峰值截割力随双截齿间距的增大先减小后增大;截齿截割板状岩体的截割力在截齿接触板状岩体瞬间出现骤增,继续截割板状岩体其截割力先减小再缓慢增大,到达峰值后板状岩体断裂,截割力下降。在截齿接触板状岩体瞬间,由于截齿与岩板接触时间极短,截齿与板状岩体未发生相应的形变,截齿与板状岩体近似为刚性冲击,所以截割力在接触瞬间出现骤增现象;由于截齿的冲击作用,板状岩体单元崩碎,截齿与板状岩体出现一定的应变,所以截齿截割力略微下降;截齿继续截割,截齿与板状岩体挤压强度继续增大并且截齿与岩体的变形处于新的平衡,截齿截割力继续增大,由于部分板状岩体单元失效删除,截割力出现轻微波动;截齿继续截割板状岩体,截割力继续增大,当达到板状岩体失效强度时,板状岩体断裂,截齿截割力急剧下降。

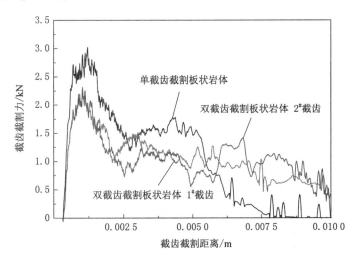

图 5-22　单截齿与双截齿(截齿间距为 0.04 m)截割板状岩体的截割力曲线

　　由图 5-22 可以明显看出,当双截齿截割板状岩体时两个截齿峰值截割力基本一致,因此相同截齿间距的双截齿截割力由 1# 截齿的峰值截割力曲线表示,以方便研究双截齿间距对截齿截割力的影响。不同截齿间距双截齿截割板状岩体的截割力曲线如图 5-23 所示,截齿峰值截割力随截齿间距的增大而增大。当截齿间距为 0.04 m 时,截齿的峰值截割力为 2.898 kN;当截齿间距增大到 0.16 m 时,截齿的峰值截割力为 3.428 kN;但当截齿间距增大到 0.20 m 时,截齿的峰值截割力减小为 3.333 kN。

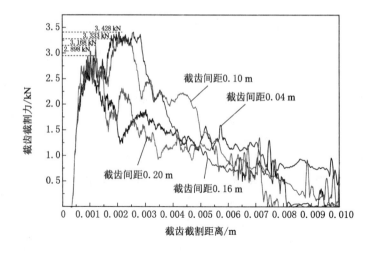

图 5-23　不同截齿间距双截齿截割板状岩体的截割力曲线

对双截齿截割板状岩体两个截齿的平均峰值截割力与截齿间距进行曲线拟合,所得结果如图 5-24 所示。截齿的峰值截割力随截齿间距的增大呈先增大后减小的变化趋势,且双截齿峰值截割力存在一定的差距。对峰值截割力进行曲线拟合得到的关系方程为 $y = -37.67x^2 + 11.629x + 2.478$,其 R 为 0.984,F 值为 9 780.3,方程误差为 0.007 15(小于 0.05),因此认为曲线拟合得到的方程精度是准确的。

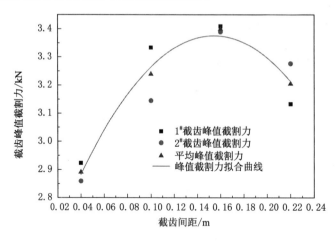

图 5-24　截齿峰值截割力随截齿间距变化的趋势

双截齿以不同截齿间距截割板状岩体的截齿应力云图如图 5-25 所示。为了便于研究截齿应力云图与截齿间距的关系,已将双截齿间的空白区去除。截齿应力云面积随着截齿间距增大而减小,并且截齿的集中应力先增大后减小。截齿应力区为截齿与岩体接触的区域,相同截割距离的截齿应力云图略有不同。

双截齿截割板状岩体时截齿的峰值应力与双截齿间距有一定关系。当截齿间距为 0.04 m 时,截齿峰值应力为 12.12 MPa;当截齿间距增大至 0.16 m 时,截齿峰值应力为 15.01 MPa;当截齿间距增大到 0.22 m 时,截齿峰值应力略微下降为 13.75 MPa。对截齿峰值应力与截齿间

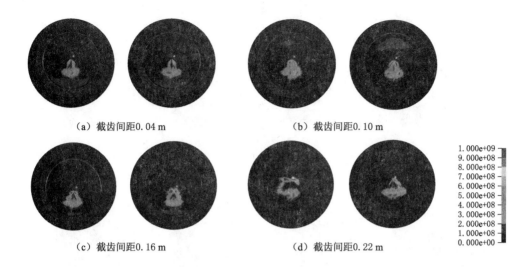

（a）截齿间距0.04 m　　　　　　　（b）截齿间距0.10 m

1.000e+09
9.000e+08
8.000e+08
7.000e+08
6.000e+08
5.000e+08
4.000e+08
3.000e+08
2.000e+08
1.000e+08
0.000e+00

（c）截齿间距0.16 m　　　　　　　（d）截齿间距0.22 m

图 5-25　双截齿以不同截齿间距截割板状岩体的截齿应力云图［图例适用于(a)～(d)］

距进行曲线拟合,所得拟合结果如图 5-26 所示,其拟合曲线方程为 $y = e^{243.54x^2 - 77.50x + 25.13}$,其 R 为 0.984 79,F 值为 5 753,方程误差为 0.009(小于 0.05),因此曲线的拟合方程精度是准确的。

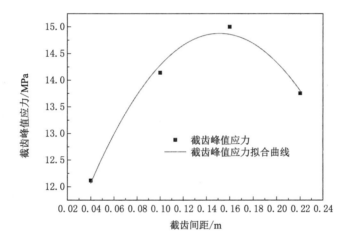

图 5-26　截齿峰值应力与截齿间距的关系

5.1.5.2　双截齿间距对截齿疲劳寿命的影响

双截齿以不同的截齿间距截割板状岩体的疲劳寿命数值模拟结果如图 5-27 所示,其峰值疲劳寿命如表 5-10 所示。截齿间距对截齿疲劳寿命有较大影响,截齿疲劳寿命云面积随着截齿间距的增大先增大后减小,并且截齿的最小疲劳寿命先减小后增大,1$^\#$ 截齿和 2$^\#$ 截齿的最小疲劳寿命略有差距。当截齿间距为 0.004 m 时,1$^\#$ 截齿疲劳寿命为 5.48×10^9 次,2$^\#$ 截齿疲劳寿命为 4.95×10^9 次;当截齿间距增大至 0.016 m 时,1$^\#$ 截齿疲劳寿命下降到 2.60×10^7 次,2$^\#$ 截齿疲劳寿命下降到 1.90×10^7 次;当截齿间距增大到 0.022 m,截齿疲劳寿命略有下降,其中 1$^\#$ 截齿疲劳寿命为 4.46×10^8 次,2$^\#$ 截齿疲劳寿命为 4.92×10^8 次。

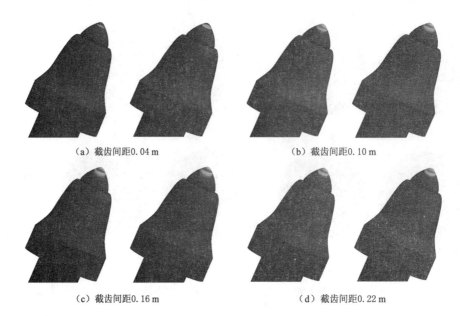

（a）截齿间距0.04 m （b）截齿间距0.10 m

（c）截齿间距0.16 m （d）截齿间距0.22 m

图 5-27 双截齿以不同截齿间距截割板状岩体的疲劳寿命数值模拟结果

表 5-10 不同截齿间距的截齿峰值疲劳寿命

截齿间距/m	0.004		0.010		0.016		0.022	
	1# 截齿	2# 截齿	1# 截齿	2# 截齿	1# 截齿	2# 截齿	1# 截齿	2# 截齿
截齿疲劳寿命/次	5.48×10^9	4.95×10^9	4.68×10^8	7.16×10^8	2.60×10^7	1.90×10^7	4.46×10^8	4.92×10^8

截齿的疲劳寿命与截齿的间距关系密切。对截齿疲劳寿命与截齿间距进行曲线拟合，该曲线拟合结果如图 5-28 所示。1# 截齿的疲劳寿命与截齿间距的关系方程为 $y = e^{243.54x^2 - 77.50x + 25.13}$，其中 R 为 0.962 3，F 值为 390.7，误差为0.035 75（小于 0.05）；2# 截齿疲劳寿命与截齿间距的关系方程为 $y = e^{180.18x^2 - 60.28x + 24.45}$，其中 R 为 0.971 5，F 值为 107.23，误差为 0.046 29（小于 0.05），因此截齿疲劳寿命与截齿间距拟合曲线方程精度准确。

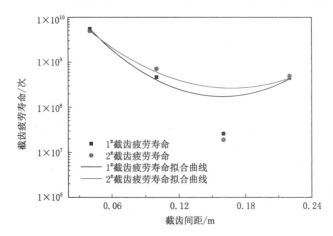

图 5-28 截齿疲劳寿命与截齿间距的关系

5.2　截齿破碎非连续岩体力学特性及疲劳寿命分析

基于 ANSYS/LS-DYNA 建立截齿截割多层岩板数值模型,可研究截齿截割非连续岩体力学特性和截齿疲劳寿命。通过 LS-PrePost 对数值模拟计算结果进行后续处理,可获取截割力曲线和截齿应力云图等结果。基于 Workbench 建立截齿疲劳寿命数值模型可研究截齿截割位置和板状岩体厚度与高度等因素对截齿疲劳寿命的影响。

5.2.1　有限元模型的建立

将利用三维软件 Solidworks 建立的截齿截割非连续岩体三维模型导入 ANSYS/LS-DYNA 进行预处理,最终可建立截齿-非连续岩体数值模型。导入三维模型后,用 ANSYS/LS-DYNA 自带的网格划分工具 MESHTOOL 对截齿和非连续岩体进行网格划分。定义多层岩体的材质为 RHT 材料,截齿的材料定义为 PLASTIC_KINEMATIC。在保证数值模拟准确性的基础上,为提高数值模拟计算效率本次模拟去除了截齿齿柄等非截割区域,从而着重研究截齿与岩体的相互作用。定义截齿与非连续岩体的接触类型为面面侵蚀接触,对非连续岩体地面添加全约束、左右面添加沿 x 轴的位移约束;定义截齿的运动为沿 y 轴负向以 2 m/s 的匀速运动,给截齿添加与截齿运动相同的初速度,该数值模型如图 5-29 所示。定义求解时长为 0.5 s,间隔 0.001 s 输出一个结果文件,在导出 K 文件后,用 ANSYS-SLOVER 求解器对 K 文件进行求解。

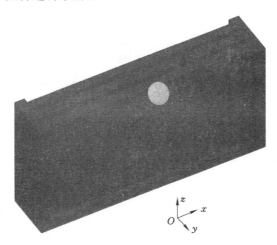

图 5-29　截齿截割非连续岩体数值模型

5.2.2　单截齿破碎非连续岩体力学特性分析

在实际生产中,截齿需要连续截割多层板状岩体,即截齿截割非连续岩体。建立单截齿截割非连续岩体模型可研究板状岩体间距对截齿截割性能的影响。单截齿截割非连续岩体的破碎过程如图 5-30 所示。截齿刚接触岩体时,岩体与截齿接触点出现损伤,其效果如图 5-30(a)所示。截齿继续截割非连续岩体,岩体与截齿接触区域损伤范围明显增大,并且岩体单元出现明显应变,截齿与板状岩体的挤压作用使岩体损伤面积增大,其效果如图 5-30(b)所示。板状岩体与截齿接触区域出现部分单元失效崩碎,板状岩体与岩体基座间开始出现明显的裂痕,裂痕最先出现在上边缘板状岩体,其效果如图 5-30(c)所示。截齿继续截割,板状岩体裂纹继续延伸,板状岩体裂纹主要沿着岩板与岩体基座连接边缘在板状岩体中间位置出现弧形裂纹,并且从截齿与板状岩体接触位置形成放射性裂纹,其效果如图 5-30(d)所示。截齿继续截割非连续岩体,裂纹延展并相交导致岩板断裂,在截割力和惯性力的作用下断裂的板状岩体沿截齿前进方向倾倒碰撞到第二层板状岩体上。为便于观察第二层板状岩体的破碎情况,将第一层板状岩体进行切割去除。由于断裂的第一层板与第二层板发生碰撞,第二层板与第一层板接触的位置出现损伤,因此板状岩体形成的裂纹与第一层板状岩体破碎形成的裂纹基本相似。第二层板状岩体因截齿挤压破碎第一层板状岩体的作用,板状岩体作用点损伤面积较第一层板状岩体的大,其效果如图 5-30(f)所示。截齿继续截割非连续岩体,截齿作用于第二层板破碎岩体,间接作用于第三层板状岩体,从而使第三层板状岩体形成裂纹,其作用点损伤面积明显大于第二层和第一层的,其效果如图 5-30(g)所示。

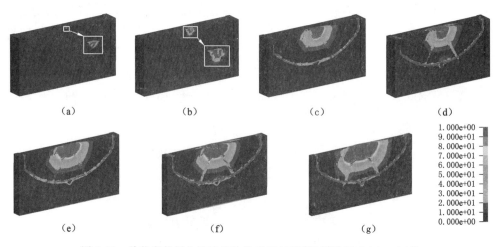

图 5-30　单截齿截割非连续岩体的破碎过程[图例适用于(a)～(g)]

截齿截割非连续岩体的截割力曲线如图 5-31 所示。截齿截割力出现较大的波动。在截齿截割板状岩体初始阶段,截齿截割力由于冲击作用出现骤增过程,截齿继续以恒定的截割速度截割非连续岩体,截齿的截割力呈较稳定波动上升趋势。当第一层板状岩体断裂时截齿截割力达到第一个峰值,然后略微地减小。在截齿接触第二层板状岩体前,由于截齿仍然与第一层板状岩体相互作用,截齿的截割力不为零。截齿截割力出现波动,由于截齿挤压,截齿与第二层板状岩体间出现岩石碎屑,因而截齿截割力出现明显波动。直到截齿与板状岩体接触,并且截割力作用于第二层板状岩体,截齿的截割力开始稳定上升。当第二层板状岩体断裂时,截齿截割力达到峰值截割力,而后截割力减小。

当截齿截割非连续岩体时,截齿峰值截割力与板状岩体断裂相对应。为准确研究截齿间距对截齿截割力的影响,提取截齿截割非连续岩体的峰值截割力并求其平均值(如表 5-11 所示)。截齿峰值截割力随板状岩体间距的增大而减小。板状岩体间距为 0.006 m 时的截齿平均峰值截割力为 3.72 kN;板状岩体间距继续增大,当板状岩体间距增大到 0.012 m 时,截齿平均峰值截割力为 3.53 kN。如表 5-11 所示,平均峰值截割力随岩板间距增大而减小后

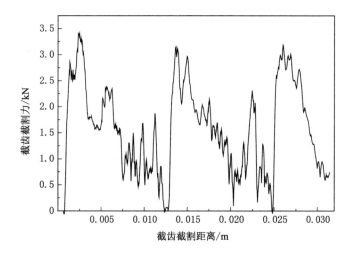

图 5-31　截齿截割非连续岩体的截割力曲线

趋于稳定。对截齿截割不同间距非连续岩体的平均峰值截割力与板状岩体间距进行曲线拟合,其拟合结果如图 5-32 所示。截齿平均峰值截割力随着非连续岩板间距的增大而减小。当板状岩体间距为 0.006 m 时,截齿平均峰值截割力为 3.72 kN;当板状岩体间距增大到 0.012 m 时,截齿平均峰值截割力下降为 3.53 kN。该曲线拟合方程为 $y = -3\,506.4x^2 + 30.95x + 3.66$,其 R 为 0.991,F 值为 2.53×10^6,拟合方程误差为 0.004 6(小于 0.05),因此该拟合方程精度是准确的。

表 5-11　截齿截割非连续岩体平均峰值截割力

板状岩体间距/m	0.006	0.008	0.010	0.012
平均峰值截割力/kN	3.72	3.69	3.62	3.53

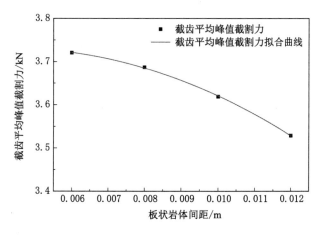

图 5-32　截齿截割不同间距非连续岩体时平均峰值截割力与板状岩体间距的关系

截齿截割非连续岩体的过程应力云图如图 5-33 所示。当截齿截割非连续岩体时,截齿应力云图变化明显。当截齿接触岩体时,截齿尖端与岩体接触位置出现应力,如图 5-33(a)所示。

截齿继续截割岩体,截齿应力云图范围明显扩大并且最大应力也在增大,如图 5-33(b)所示。截齿应力区域逐渐增大,当板状岩体断裂时,截齿出现的最大应力为 1 434.53 MPa,如图 5-33(c)所示。截齿继续截割岩体,当接触到第二层板状岩体时,第一层断裂的板状岩体与截齿仍有接触,截齿应力区域明显增大,效果如图 5-33(d)所示。

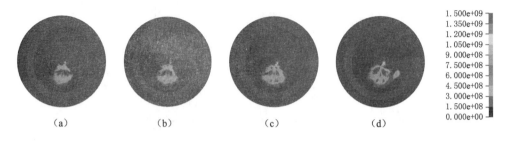

图 5-33　截齿截割非连续岩体的过程应力云图[图例适用于(a)~(d)]

截齿截割非连续板状岩体的峰值应力如表 5-12 所示。截齿峰值应力与板状岩体间距关系密切,平均截齿峰值应力随板状岩体间距的增大而减小。对截齿截割断裂每层板状岩体时的截齿峰值应力和平均截齿峰值应力与非连续岩板间距进行曲线拟合,相应结果如图 5-34 所示。当板状岩体间距为 0.006 m 时,平均截齿峰值应力为 1 495.60 MPa;当板状岩体间距为 0.012 m 时,平均截齿峰值应力为 1 124.91 MPa。截齿峰值应力曲线为 $y=-6.087x^2+48\,154x+1\,424.7$,其 R 为 0.986 2,F 值为 96 038.50,误差值为 0.002 9(小于 0.05),因此该拟合曲线方程精度是准确的。

表 5-12　截齿截割非连续板状岩体的峰值应力

板状岩体间距/m	0.006	0.008	0.010	0.012
截齿峰值应力(第一层)/MPa	1 491.21	1 399.48	1 231.25	1 070.99
截齿峰值应力(第二层)/MPa	1 499.99	1 434.53	1 370.54	1 178.83
平均截齿峰值应力/MPa	1 495.60	1 417.01	1 300.90	1 124.91

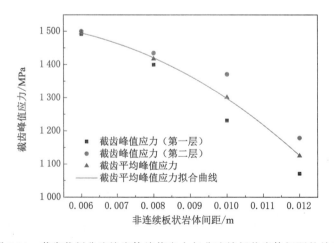

图 5-34　截齿截割非连续岩体峰值应力与非连续板状岩体间距的关系

5.2.3　单截齿破碎非连续岩体疲劳寿命分析

基于建立的 Workbench 单截齿截割非连续岩体的疲劳寿命模型可研究板状岩体间距对截齿疲劳寿命的影响。将截齿截割非连续岩体的截割力导入疲劳寿命模型可求解得到截齿疲劳寿命结果,相应结果如图 5-35 所示。由该截齿疲劳寿命云图可以明显得出,截齿与非连续岩体接触的区域其疲劳寿命明显低于其他区域。截齿应力大的区域其疲劳寿命较小,应力较小的区域其疲劳寿命较大。在截齿截割非连续岩体的疲劳寿命云图中,截齿疲劳寿命云图范围随非连续岩板间距的增大而减小,截齿疲劳寿命与截齿所截割板状岩体间距的关系密切,随板状岩体间距的增大而增大。

(a) 板状岩体间距0.006 m　　(b) 板状岩体间距0.008 m　　(c) 板状岩体间距0.010 m　　(d) 板状岩体间距0.012 m

图 5-35　截齿截割不同板状岩体间距的疲劳寿命云图

提取的截齿截割非连续岩体的峰值疲劳寿命如表 5-13 所示。板状岩体间距为 6 mm,则截齿的疲劳寿命为 1.26×10^4 次;当板状岩体间距增大到 12 mm 时,截齿的疲劳寿命增大到 2.50×10^7 次。即发现截齿的峰值疲劳寿命随板状岩体间距的增大而增大。结合截齿峰值应力表 5-12 可以得出截齿的峰值疲劳寿命与截齿的峰值应力存在明显的负相关关系。

表 5-13　截齿截割不同间距非连续岩体截齿峰值疲劳寿命

间距/m	0.006	0.008	0.010	0.012
截齿峰值疲劳寿命/次	1.26×10^4	3.22×10^5	6.70×10^6	2.50×10^7

可对截齿峰值疲劳寿命与非连续岩体间距进行曲线拟合,其拟合结果如图 5-36 所示。由拟合曲线可以看出截齿疲劳寿命随非连续岩板间距的增大而增大,并且增大速度减缓;拟合曲线方程为 $y = e^{-214\,418.85x^2 + 5\,376.20x - 16.60}$,其 R 为 0.987 5,F 值为 $2.309\,7 \times 10^6$,误差为 0.000 465 27(小于 0.05),因此拟合曲线方程精度准确。

5.2.4　双截齿截割非连续岩体力学特性分析

双截齿截割非连续岩体截割力曲线如图 5-37 所示。双截齿截割非连续岩体,截齿齿尖连线平行于非连续板状岩体截割面,所以两个截齿的截割力曲线基本相似。截齿的截割力在截齿接触板状岩体后出现。当截割力增大到峰值时,板状岩体崩碎破裂。当截齿未接触到第二层板状岩体时,其与第一层板状岩体间还存在相互作用,所以截齿的截割力不为零。

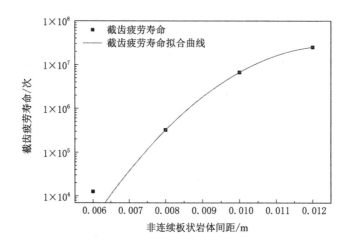

图 5-36　截齿峰值疲劳寿命与非连续岩体间距关系

截齿接触到第二层板状岩体后，截齿截割力继续上升。当板状岩体破碎时，截割力再次达到一个峰值。同样当截齿压断第三层板状岩体时，截齿截割力会再次达到峰值。

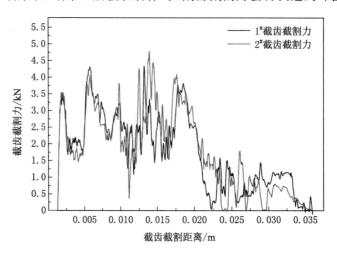

图 5-37　双截齿截割非连续岩体截割力曲线

当双截齿截割非连续岩体时，双截齿的峰值截割力存在略微的差别。分别提取双截齿截割非连续岩体时，板状岩体断裂的峰值截割力并求解其平均值，相应成果如表 5-14 所示。两个截齿在截割同一板状岩体的峰值截割力是随机的。板状岩体间距对截齿峰值截割力有一定的影响，随着板状岩体间距的增大，双截齿的峰值截割力逐渐增大。对双截齿的峰值截割力分别进行曲线拟合，其结果如图 5-38 所示。双截齿峰值截割力拟合曲线为二次函数方程（表 5-15），随着板状岩体间距的增大，截齿峰值截割力呈明显减小的趋势。当板状岩体间距为 0.004 m 时，1# 截齿截割第一、二层岩板时的峰值截割力分别为 4.24 kN、4.33 kN，2# 截齿峰值截割力分别为 4.19 kN、4.21 kN。当板状岩体间距增大到 0.022 m 时，1# 截齿截割第一、二层板状岩体的峰值截割力分别为 3.54 kN、3.59 kN，2# 截齿峰值截割力分别为 3.42 kN、3.54 kN。线性回归的拟合结果如表 5-14 所示，曲线方程分别为 $y_1 =$

$-538.19x^2-22.27x+4.35$，$y_2=-1\,197.22x^2-8.21x+4.24$；其 R 分别为 0.967 8 和 0.993 0，F 值分别为 1 485.5、15 007；函数方程误差分别为 0.018、0.006（均小于 0.05）；所以函数方程精度均是准确的。

表 5-14　双截齿截割不同间距非连续岩板峰值截割力

岩板间距/m	0.004		0.010		0.016		0.022	
截齿编号	1#截齿	2#截齿	1#截齿	2#截齿	1#截齿	2#截齿	1#截齿	2#截齿
第一层岩板峰值截割力/kN	4.24	4.19	3.96	3.99	3.98	3.91	3.54	3.42
第二层岩板峰值截割力/kN	4.33	4.21	3.86	4.07	3.92	3.73	3.59	3.54
平均峰值截割力/kN	4.28	4.20	3.91	4.03	3.95	3.82	3.57	3.48

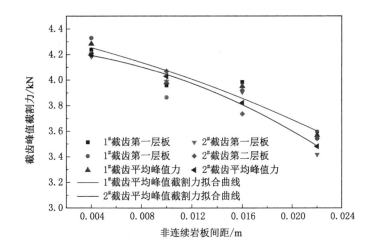

图 5-38　截齿截割不同间距非连续岩体峰值截割力

表 5-15　双截齿截割非连续板状岩体拟合曲线方程

名称	曲线方程	R	F 值	误差
1#截齿平均峰值截割力/kN	$y_1=-538.19x^2-22.27x+4.35$	0.967 8	1 485.5	0.018
2#截齿平均峰值截割力/kN	$y_2=-1\,197.22x^2-8.21x+4.24$	0.993 0	15 007	0.006

　　双截齿截割不同间距的非连续板状岩体的截齿应力云图如图 5-39 所示。由图 5-39 所示可以看出双截齿与岩体接触区域出现明显应力区域；随非连续岩板间距的增大截齿峰值应力明显减小，并且截齿应力较大的范围也随之减小；双截齿应力云图存在区别，并且两个截齿的最大值也存在差别。

　　双截齿截割不同间距的非连续岩板峰值应力如表 5-16 所示。截齿峰值应力随非连续岩板间距增大而减小，并且双截齿峰值应力略有不同，同一截齿截割第一、二层岩板的峰值应力略有区别。同时对 1#、2#截齿平均峰值应力与非连续岩板间距进行曲线拟合，其拟合结果如图 5-40 所示。第 1#、2#截齿平均峰值应力随非连续岩板间距增大而减小，拟合结果如表 5-17 所示。1#截齿平均峰值应力与非连续岩板间距拟合曲线为 $y_1=-126\,388.9x^2-$

$13\ 497.2x+1\ 502.7$，$2^{\#}$ 截齿平均峰值应力与非连续岩板间距拟合曲线为 $y_2=-450\ 694x^2-5\ 970.3x+1\ 502.7$，其 R 分别是 0.993 和 0.985，F 值分别是 82 520.7 和 6 480.3，误差分别是 0.000 12 和 0.000 15（均小于 0.05），因此曲线拟合精度均准确。

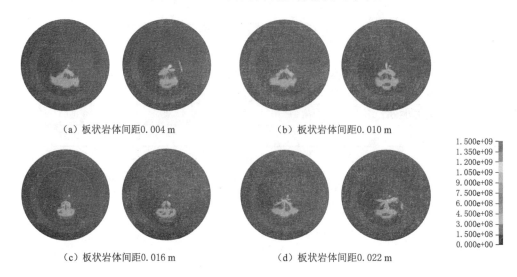

(a) 板状岩体间距0.004 m　　　　　　(b) 板状岩体间距0.010 m

(c) 板状岩体间距0.016 m　　　　　　(d) 板状岩体间距0.022 m

图 5-39　双截齿截割不同间距的非连续岩板的截齿应力云图
[图例适用于(a)～(d)]

表 5-16　双截齿截割不同间距的非连续岩板峰值应力

岩板间距/m	0.004		0.010		0.016		0.022	
截齿编号	$1^{\#}$截齿	$2^{\#}$截齿	$1^{\#}$截齿	$2^{\#}$截齿	$1^{\#}$截齿	$2^{\#}$截齿	$1^{\#}$截齿	$2^{\#}$截齿
第一层岩板峰值应力/MPa	1 156.5	1 145.3	1 243.2	1 287.5	1 387.5	1 397.7	1 459.2	1 447.8
第二层岩板峰值应力/MPa	1 187.7	1 158.1	1 317.3	1 305.1	1 379.2	1 389.1	1 487.5	1 498.3
平均峰值应力/MPa	1 172.1	1 151.7	1 280.3	1 296.3	1 383.4	1 393.4	1 473.4	1 473.1

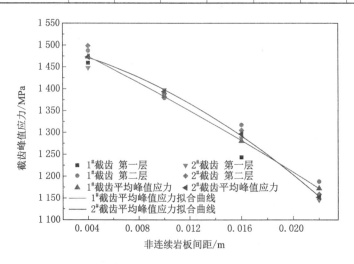

图 5-40　双截齿峰值应力与非连续岩板间距的关系

表 5-17　双截齿截割非连续板状岩体拟合曲线方程

名称	曲线方程	R	F 值	误差
$1^{\#}$ 截齿平均峰值应力/MPa	$y_1 = -126\ 388.9x^2 - 13\ 497.2x + 1\ 502.7$	0.993	82 520.7	0.000 12
$2^{\#}$ 截齿平均峰值应力/MPa	$y_2 = -450\ 694x^2 - 5\ 970.3x + 1\ 502.7$	0.985	6 480.3	0.000 15

5.2.5　双截齿截割非连续岩板疲劳寿命分析

将双截齿截割不同间距的非连续岩板数值模拟结果导入截齿疲劳寿命分析模型进行求解，可研究板状岩体间距对双截齿疲劳寿命的影响。如图 5-41 所示，截齿疲劳寿命与岩板间距相关性显著；双截齿的疲劳寿命最小值有很高的相似度，但是存在一定的差距。

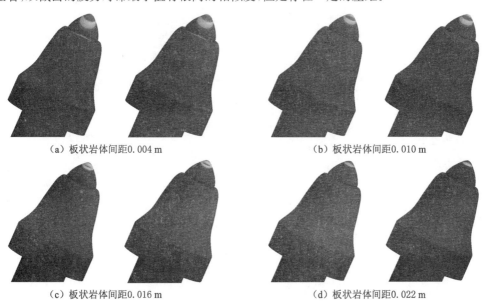

(a) 板状岩体间距0.004 m　　　　　　(b) 板状岩体间距0.010 m

(c) 板状岩体间距0.016 m　　　　　　(d) 板状岩体间距0.022 m

图 5-41　双截齿截割不同间距非连续岩板的截齿疲劳寿命云图

如表 5-18 所示，非连续岩板间距对截齿的疲劳寿命有显著的影响，截齿的疲劳寿命随着板状岩体间距的增大而增大。当截齿间距为 0.004 m 时，$1^{\#}$ 截齿疲劳寿命为 4.56×10^7 次，$2^{\#}$ 截齿疲劳寿命为 1.90×10^7 次；当截齿间距增大到 0.022 m 时，$1^{\#}$ 截齿和 $2^{\#}$ 截齿的疲劳寿命分别降低为 5.76×10^{10} 次和 4.67×10^{10} 次。双截齿的疲劳寿命不是完全相同的，双截齿间的疲劳寿命存在一定差距，但整体上差距较小。

表 5-18　双截齿截割不同间距的非连续岩体疲劳寿命

间距/m	0.004		0.010		0.016		0.022	
	$1^{\#}$ 截齿	$2^{\#}$ 截齿	$1^{\#}$ 截齿	$2^{\#}$ 截齿	$1^{\#}$ 截齿	$2^{\#}$ 截齿	$1^{\#}$ 截齿	$2^{\#}$ 截齿
截齿疲劳寿命/次	4.56×10^7	1.90×10^7	1.80×10^8	3.38×10^8	3.10×10^9	2.10×10^9	5.76×10^{10}	4.67×10^{10}

如图 5-42 所示，截齿疲劳寿命随板状岩体间距的增大而增大，分别对 $1^{\#}$ 截齿和 $2^{\#}$ 截齿的疲劳寿命与板状岩体间距进行曲线拟合并得到曲线方程。$1^{\#}$ 截齿疲劳寿命与板状岩

体间距的关系方程为 $y_1 = \mathrm{e}^{1\,527.72x^2 + 428.96x + 14.60}$，其 R 为 0.982 49，F 值为 970 539.09，误差为 0.002 36。$2^\#$ 截齿疲劳寿命与板状岩体间距的关系方程为 $y_2 = \mathrm{e}^{14\,084.92x^2 + 19.43x + 18.18}$，其 R 为 0.978 69，F 值为 67 739，误差为 0.003 49。其误差均小于 0.05，所以拟合曲线方程精度均准确。

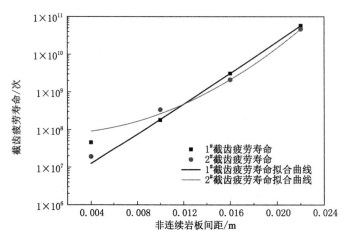

图 5-42　双截齿疲劳寿命与岩板间距的关系